城市信息模型（CIM）系列丛书

U0167640

城市信息模型（CIM）基础平台应用研究与探索

《城市信息模型（CIM）基础平台应用研究与探索》编委会｜主编

中国建筑工业出版社

图书在版编目（CIP）数据

城市信息模型（CIM）基础平台应用研究与探索／
《城市信息模型（CIM）基础平台应用研究与探索》编委会
主编. —北京：中国建筑工业出版社，2022.3
（城市信息模型（CIM）系列丛书）
ISBN 978-7-112-26983-9

Ⅰ.①城… Ⅱ.①城… Ⅲ.①城市规划—信息化—研
究—中国 Ⅳ.①TU984.2-39

中国版本图书馆CIP数据核字（2021）第267337号

责任编辑：杜　　洁　李玲洁
书籍设计：锋尚设计
责任校对：张惠雯

城市信息模型（CIM）系列丛书
城市信息模型（CIM）基础平台应用研究与探索
《城市信息模型（CIM）基础平台应用研究与探索》编委会　主编
*
中国建筑工业出版社出版、发行（北京海淀三里河路9号）
各地新华书店、建筑书店经销
北京锋尚制版有限公司制版
北京建筑工业印刷厂印刷
*
开本：787毫米×1092毫米　1/16　印张：12¼　字数：239千字
2022年3月第一版　　2022年3月第一次印刷
定价：**58.00**元
ISBN 978-7-112-26983-9
（38558）

版权所有　翻印必究
如有印装质量问题，可寄本社图书出版中心退换
（邮政编码100037）

丛书编委会

编委会主任：王宏伟
编委会副主任：王保森
委　　　员：于　静　丁　利　王永海　王　洋　陈顺清　赵渺希　曹书兵
　　　　　　娄东军　郑　鹏　周子璐　杨焰文　乔长江　吴元欣　张永刚

本书编委会

主　　　　编：王保森
副　主　编：丁　利　王　洋　娄东军　吴元欣　王永海　曹书兵　王泉烈
参　　　编：唐柱鹏　钟科行　汪凌汉　张　峰　梁　驹　刘　瑜　乔长江
　　　　　　黎嘉慧　邓艺帆　余柏瀚　李恩林　熊　文　石俊卫　黄　阳
　　　　　　陈英琳　段　飞　苏新宇　尹华山　王　委　赵　昂　郑　鹏
　　　　　　陈胜男　白　亮　张志刚　宋浩军　钟志勇　翁　羚　刘　琳
　　　　　　王旭东　王齐炫　肖栋梁　苗　静

主编单位：广州市住房和城乡建设局
参编单位：广州市住房城乡建设行业监测与研究中心
　　　　　　广州市建设科技中心
　　　　　　奥格科技股份有限公司
　　　　　　广州市政务服务数据管理局
　　　　　　中国建筑科学研究院有限公司
　　　　　　北京构力科技有限公司
　　　　　　北京理正人信息技术有限公司
　　　　　　腾讯云计算（北京）有限责任公司
　　　　　　广东建科创新技术研究院有限公司

前言

　　城市信息模型（City Information Model，简称CIM）是建筑信息模型（Building Information Model，简称BIM）概念在城市范围内的扩展，以三维的城市空间地理信息为基础，叠加城市建筑、地上地下设施的BIM信息以及城市物联网信息，构建起三维数字空间的城市信息有机综合体。

　　2015年，住房和城乡建设部发布了《关于推进建筑信息模型应用的指导意见》，2016年交通运输部发布十大重大技术方向和技术政策中，建筑信息模型（BIM）位于第一位，《"十三五"国家信息化规划》更是明确提出了建设"数字中国"的宏伟蓝图。整合建筑信息模型（BIM）数字化技术，以建筑工程项目的各项相关信息数据作为基础，建立具有真实建筑信息的城市信息模型，从而奠定智慧城市的基础正逐渐清晰可行。CIM（城市信息模型）作为信息化的核心技术，目前国内的许多城市都在不同程度地推进落地CIM平台相关功能和应用。

　　近年来，随着CIM技术的应用不断推广，2018年11月国家住房和城乡建设部将北京城市副中心、厦门、雄安新区、广州、南京列入"运用建筑信息模型（BIM）进行工程项目审查审批和城市信息模型（CIM）平台建设"试点城市，CIM技术主要完成运用BIM系统实现工程建设项目电子化审查审批、探索建设CIM平台、统一技术标准、加强制度建设、为"中国智能建造2035"提供需求支撑等任务，逐步实现工程建设项目全生命周期的电子化审查审批，促进工程建设项目规划、设计、建设、管理、运营全周期一体联动，不断丰富和完善城市规划建设管理数据信息，为智慧城市管理平台建设奠定基础。除住房和城乡建设部所列五个试点城市以外，上海杨浦滨江、广州南沙明珠湾、青岛中央商务区/桥头堡国际商务区、陕西西咸新区沣西新城丝路科创谷、深圳市可视化城市空间数字平台等都在不同程度推进落地CIM平台相关功能和应用。

广州市住房城乡建设行业监测与研究中心非常重视CIM平台的建设研究与推广应用，2018年启动了"运用BIM技术进行工程建设项目报建并与'多规合一'管理平台衔接试点"项目，促进了广州市BIM与CIM融合技术的研究与推广；2019年启动了"广州市城市信息模型（CIM）平台"课题，推进广州市城市信息模型技术的应用与推广，课题目标成果之一就是《城市信息模型（CIM）基础平台应用研究与探索》。在广州市住房城乡建设行业监测与研究中心的指导下，课题组组织编写本书，可作为企业开展CIM技术应用的参考资料。

本书共分为三篇：第一篇从智慧城市发展与CIM基础平台介绍出发，首先介绍智慧城市发展与CIM技术关系、发展趋势、困境与机遇，接着介绍CIM基础平台在国内外推广的应用分析，最后介绍广州市CIM平台的推广应用分析；第二篇详细介绍了广州市CIM平台的构建与应用，从广州市CIM平台构建定位和构建理论开始，详细介绍了广州CIM平台的总体架构设计、应用体系设计、数据架构设计、基础设施架构设计、安全保障方案设计及标准规范体系设计等，明确了广州市CIM平台构建的技术路线，详细介绍广州市CIM平台构建的关键技术、应用模式及运营保障体系；第三篇提供了广州市CIM应用案例分析，包括：基于CIM基础平台的"穗智管"应用、基于CIM基础平台的智慧工地应用、基于CIM基础平台的施工图BIM审查、基于CIM基础平台的桥梁健康监测应用。

本书编写分工如下：

第一篇

第1章：广州市住房和城乡建设局、广州市住房城乡建设行业监测与研究中心、广州市建设科技中心、奥格科技股份有限公司；

第2章：广州市住房和城乡建设局、广州市住房城乡建设行业监测与研究中心、广州市建设科技中心、奥格科技股份有限公司；

第3章：广州市住房和城乡建设局、广州市住房城乡建设行业监测与研究中心、广州市建设科技中心、奥格科技股份有限公司。

第二篇

第4章：广州市住房和城乡建设局、广州市住房城乡建设行业监测与研究中心、奥格科技股份有限公司；

第5章：广州市住房和城乡建设局、广州市住房城乡建设行业监测与研究中心、奥格科技股份有限公司；

第6章：广州市住房和城乡建设局、广州市住房城乡建设行业监测与研究中心、奥格科技股份有限公司；

第7章：广州市住房和城乡建设局、广州市住房城乡建设行业监测与研究中心、奥格科技股份有限公司；

第8章：广州市住房和城乡建设局、广州市住房城乡建设行业监测与研究中心、奥格科技股份有限公司；

第9章：广州市住房和城乡建设局、广州市住房城乡建设行业监测与研究中心、奥格科技股份有限公司。

第三篇

第10章：广州市住房和城乡建设局、广州市住房城乡建设行业监测与研究中心、广州市政务服务数据管理局、腾讯云计算（北京）有限责任公司；

第11章：广州市住房和城乡建设局、广州市住房城乡建设行业监测与研究中心、中国建筑科学研究院有限公司、北京构力科技有限公司；

第12章：广州市住房和城乡建设局、广州市住房城乡建设行业监测与研究中心、北京理正人信息技术有限公司；

第13章：广州市住房和城乡建设局、广州市住房城乡建设行业监测与研究中心、广东建科创新技术研究院有限公司。

目录

第一篇

CIM基础平台
推广应用现状分析

第1章　智慧城市发展与CIM基础平台

1.1　智慧城市发展与CIM技术概述

1.1.1　智慧城市是未来城市之路

城市是人类生活和社会发展最重要的承载体，其内涵随着时代发展、科技进步不断丰富和延伸，人们的生活方式也持续被源于信息技术的创新力量影响和改变。特别是随着数字技术深度融入政府管理、百姓民生、公共安全和产业发展等城市活动中，城市已逐步成为物理世界和数字世界融合的综合体，并被赋予了前所未有的内涵，即智慧城市。智慧城市的概念涵盖硬件、管理、计算、数据分析等城市发展业务。

智慧城市是现代城市发展的新模式，是指在城市规划、城市建设、城市治理与运营等领域中充分利用物联网、大数据、云计算、人工智能、区块链等新技术手段，对城市居民生活工作、企业经营发展、政府行政管理过程中的相关活动，进行智慧化的感知、分析与集成，从而为市民提供更美好的生活和工作服务、为企业创造更有利的商业发展环境、为政府赋能更高效的运营与管理机制。

在实际建设中，城市可以根据自身特征、需求、资金等情况，有选择、阶段性地发展智慧城市应用。

1.1.2　智慧城市发展中面临的困境和机遇

智慧城市概念从提出到现在已经接近10年，全球智慧城市超过1000个，然而，智慧城市的建设依然面临着诸多挑战。在国家战略引导和地方积极实践的共同作用下，智慧城市的发展理念获得广泛共识，中国的智慧城市建设规模不断扩大，中国超过500个城市都已经宣称开展了智慧城市相关项目，然而各地的智慧城市发展水平不一、发展碎片化、可持续运营能力不强等问题普遍存在，总体仍处在较为初级的发展阶段。

智慧城市爆发性增长之后回归理性，越来越多的城市能够以理性的态度看待智慧城市，智慧城市发展理念得到普及，智慧城市建设标准逐渐完善，形成从智慧家庭、智慧社区、智慧城市到智慧社会的全方位智慧理念。同时，城市管理、公共服务的智慧化水平大幅提升，政府办公效率、民生服务效率得到提高。城市治理新模式如可视化管理、网格化管理等模式得到应用。回归城市发展的本质，迎接机遇，关注智慧城市带来的实质收益。

1.1.3　智慧城市未来的发展趋势

城市的发展将从以传统钢筋混凝土为主的物理世界转到以各种ICT（信息与通信技术）新技术为主的数字世界，因此云、大数据、IoT、视频、人工智能将成为智慧城市新的五大基础设施，如何通过这些数字化基础设施的建设和新技术手段将数据打通并共享，将成为智慧城市建设的关键所在。

在智慧城市的发展完善过程中，要以"结果导向"为中心，体现"创造价值"而不是"为智慧化而信息化"的理念。"结果导向"是指智慧城市建设在城市规划、城市建设、城市运营与治理全价值链过程中（图1-1），要体现出服务、惠民、兴业的目标；"创造价值"是指智慧城市建设在城市规划、城市建设、城市运营与治理全价值链过程中，要以政府效率、市民体验、企业创新作为检验智慧城市成功与否的标准。

图1-1　智慧城市建设价值链

1.1.4　CIM技术支撑和促进智慧城市创新发展

城市信息模型（CIM）理念在2016年国内正式提出以来不断升温，已成为新型智慧城市建设的热点，受到政府和产业界的高度关注和认同。

与传统智慧城市相比，城市信息模型（CIM）技术要素更复杂，不仅覆盖新型测绘、地理信息、语义建模、模拟仿真、智能控制、深度学习、协同计算、虚拟现实等多技术门类，而且对物联网、人工智能、边缘计算等技术赋予新的要求，多技术集成创新需求更加旺盛。

城市信息模型（CIM）技术在传统智慧城市建设所必须的物联网平台、大数据平台、共性技术赋能与应用支撑平台基础上，增加了二三维一体化、地上地下一体化、室内室外一体化的城市全维度、结构化信息模型，该技术的应用不仅可以对城市建（构）筑物及部件信息进行全生命周期跟踪和分析，也可以对城市运行进行模拟仿真；不仅具有城市时空大数据平台的基本功能，更重要的是成为在数字空间刻画城市细节、呈现城市体征、推演未来趋势的综合信息载体。无疑，城市信息模型（CIM）理念的出现为智慧城市建设带来了新思路。

1.2　CIM基础平台概述

CIM基础平台是在城市基础地理信息的基础上，建立建筑物、基础设施等三维数字模型，表达和管理城市三维空间的基础平台，是城市规划、建设、管理、运行工作的基础性操作平台，是智慧城市的基础性、关键性和实体性信息基础设施，其中CIM平台的关键特征包括以下几方面。

1.2.1　面向对象

CIM以面向对象的方式描绘城市，使城市成为大量（地上/地下）建（构）筑物的集合；例如，一个城市包含了大量建筑物，通过CIM平台用户操作的不再是点、线、长方体、圆柱体这些几何元素，而是具体的建筑物及其包括的大量门窗、墙体和结构等对象。

1.2.2　基于三维几何模型

CIM平台通过三维几何模型尽可能如实地表达城市，并反映城市组成对象之间的拓扑关系；由于建筑信息是基于三维几何模型的，相对于传统的用二维图形表达建筑信息的方式，不仅直观易懂，而且可利用计算机自动对建筑进行加工处理或汇总分析。

1.2.3　包含其他信息

CIM平台在基于三维几何模型的建筑信息中心包含其他信息，如"四标四实数据""应急消防数据""公共安全数据"等，可实现三维几何模型与其他信息数据的无缝关联。

1.2.4　支持开放式标准

CIM平台支持开放式标准，可以交换包括建筑信息在内的所有数据，从而使建筑全生命周期各阶段产生的信息在后续环节或阶段中可以被共享，避免信息的重复录入。

1.3　CIM基础平台核心应用价值

1.3.1　城市规划阶段——城市规划仿真，形成最优全局决策

就目前的发展阶段来看，对整个城市进行模拟仿真的软件产品还未出现，仿真软件的应用范围还是局限于部分细分领域，如用于交通仿真的SUMO、VISSIM、Carsim，用于水动力仿真的MIKE21、HEC、SWMM，用于景观环境仿真的SITES平台和物流/供应链仿真的Anylogic。

对于城市规划而言，通过在城市信息模型（CIM）平台上模拟仿真"假设"分析和虚拟规划，推动城市规划有的放矢，提前布局。在规划前期和建设早期了解城市特性、评估规划影响，避免在不切实际的规划设计上浪费时间，防止在验证阶段重新进行设计，以更低的成本和更快的速度推动创新技术支撑的各种规划方案落地。通过在城市信息模型（CIM）平台上进行规划方案模拟、城市设计方案模拟等，在虚拟世界试错，在物理世界执行，以定量与定性方式，进行专题分析和模拟仿真，动态评估规划方案对城市带来的影响，保证在对楼宇、绿地、公路、桥梁、公共设施等每一寸土地进行规划时，综合效益实现最优化。

1.3.2　城市建设阶段——项目精细监控，构建多维管理视角

城市建设项目具有规模大、复杂度高、周期长、涉及面广等特点，项目管理十分困难，整个项目的进度、成本、质量和安全难以得到科学管控。利用城市信息模型（CIM）平台，不仅可以全要素真实还原复杂多样的施工环境，进行交互设计、模拟施工，还可赋予城市"一砖一瓦"以数据属性，确保信息模型在城市建设全生命周期不同阶段的信息交换。

1. 设计阶段（交互设计）

在城市建设项目的设计阶段，利用城市信息模型（CIM）技术，构建还原设计方案周边环境，一方面可以在可视化的环境中交互设计，另一方面可以充分考虑设计方案和已有环境的相互影响因子，让原来到施工阶段才能暴露出来的缺陷提前暴露在虚拟设计过程中，方便设计人员及时针对这些缺陷进行优化。同时还可以为施工量提供辅助参考。

2. 施工阶段（全面掌控）

在施工阶段，可以利用城市信息模型（CIM）技术中对象具有的时空特性，将施工方案和计划进行模拟，分析进度计划的合理性，对施工过程进行全面管控。

1.3.3　城市运营与治理阶段——数据全量留存，支持全生命周期应用

项目建设完成进入运营维护阶段，其设计、施工数据将全面留存并导入同步建成的城市信息模型（CIM），构建时空数据库，可实时呈现建成物细节，并基于虚拟控制现实，实现远程调控和远程维护。

建筑工程项目竣工后，设计、施工、装配过程中的所有数据全部留存，生成完整的建筑三维模型，通过在建筑内外部空间部署各类传感器、监控设备，采集建筑环境数据、设备运行数据、构件压力和应变数据、视频监控数据、异常报警数据等并进行智能分析，对可能出现的建筑寿命、设备健康等问题进行预测预警。当出现问题隐患和故障报警时，管理人员可借助VR/AR设备操控智能巡检机器人进行巡查和维护，在城市信息模型（CIM）平台中诊断和解决物理建筑中存在的实际问题。为应对地震、洪水、台风、火灾、燃爆、危险品泄漏等防灾减灾或应急响应需求，政府管理部门可以借助CIM平台及其中嵌入的BIM模型进行应急预案模拟、应急救援仿真、灾害损害评估、人员疏散及避难安置引导、灾后恢复规划等辅助工作，实现在数字孪生世界中仿真模拟发现经验与规律，在物理世界中高效落地与执行，降低试错成本，实现"虚实"的良性互动。

第2章 CIM基础平台在国内外推广应用分析

2.1 CIM基础平台在国内外应用现状

2.1.1 CIM基础平台在国外的应用现状

城市信息模型（CIM）在国外通常被称为Digital Twin（数字孪生城市）或Virtual City（虚拟城市）或Reality Modeling（现实建模），在国际上也属于前沿的研究领域与学科。目前在国际上应用城市信息模型（CIM）技术示范效果较好的两个城市是新加坡和芬兰赫尔辛基。

1. 新加坡CIM平台现状

（1）全球首个国家级的虚拟城市

2015年7月13日，全球3D设计、3D数字样机和产品全生命周期管理（PLM）解决方案和3D体验解决方案的领导者达索系统公司宣布与新加坡总理办公室国家研究基金会（NRF）合作开发"虚拟新加坡"（Virtual Singapore）——一个包含语义及属性的实景集成的3D虚拟空间，通过先进的信息建模技术为该模型注入静态和动态的城市数据和信息。

（2）通过虚拟地图管理真实城市

"虚拟新加坡"是按照1：1比例建立的全新加坡动态3D数字模型，包含了每座建筑物的准确3D数据，还呈现了植被绿化、管道网络、电缆、风道和垃圾槽管等诸多信息。

"虚拟新加坡"通过不同公共部门收集图形和数据，包括地理、空间和拓扑结构以及人口统计、市民流动和气候气象等实时数据，利用数据分析和仿真建模功能来测试概念和服务、制定规划和决策。例如通过"虚拟新加坡"只要知道屋顶的尺寸，就可以计算它的太阳能潜力，甚至可以模拟需要多少个太阳能电池板来为整个社区供电。

"虚拟新加坡"的用户能打造丰富的可视化模型，大规模仿真新加坡市内的真实场景，以数字化的方式探索城市化对于国家发展的影响，并依托平台优化与环境/

灾难管理、基础设施管理、国土安全管理及社区服务有关的解决方案。

（3）达索系统3DEXPERIENCity平台

"虚拟新加坡"采用达索系统3DEXPERIENCity平台打造，该平台能提供可扩展的统一平台来反映和影响真实世界，以推进城市的可持续发展，并具备数据管理、流程管理和人员管理功能。3DEXPERIENCity能通过虚拟现实、仿真协作等功能来模拟城市中的地面建筑、地下设施、城市规划、资源布局和居民的生活状态。

2. 芬兰赫尔辛基CIM平台现状

（1）新一代城市模型

赫尔辛基是芬兰的首都和中心城市，从1985年开始就开展了三维城市建设。近年来为支持城市数字成长和创新产业项目落地，赫尔辛基从2015年又启动了为期三年、价值10亿欧元的城市资产采集项目，针对基础设施创建信息丰富的三维城市模型。

该项目被称为Helsinki 3D，需要对超过500km^{2}的市域范围开展测绘工作，采集600多个地面控制点，并且需要管理和共享大量的数据。为攻克这些挑战并在规定的期限和预算内交付精准的城市模型，赫尔辛基市需要全面的集成式实景建模与信息管理功能进行支撑。

（2）应用集成解决方案助力实景建模落地

赫尔辛基采用了Bentley的实景建模技术来进行地理定位、三维建模、基础设施运维和可视化展现。其团队利用Bentley Map绘制了大范围的底图，并将城市管网也添加到地图上。通过LiDAR激光扫描与倾斜摄影技术的结合，采集了地形数据、地表数据、50000多张城市及周边岛屿的影像，总数据量达到了11TB。项目团队依靠Pointools处理经由激光扫描获取到的点云，从而生成数字地形模型（DTM），他们还利用Descartes将倾斜影像和正射影像集成到基础设施工作流中。ContextCapture使赫尔辛基市能够将DTM与处理后的图像相结合，从而生成最终的详细三维实景模型，其总体精度高达10cm。

除了提供实景网格之外，Helsinki 3D项目还需要以CityGML格式生成三维城市语义信息模型。Bentley的数据互操作功能帮助该团队实现利用同一套原始数据生成此类的数字城市模型。该模型是基于数据库的，可支持多种功能的高级城市分析和模拟，并且可以在其中添加分析结果。

（3）增加数据开放性和透明度使城市模型更有价值

Helsinki 3D能够取得成功的一个重要原因就是可以稳妥、高效地与利益相关者及公众分享模型和项目数据。项目团队创建了生动逼真的模型，并且利用LumenRT制作出动画视觉效果，通过向公共和私营企业进行城市规划展示，加强与市民的互动来获取更多支持。

借助 Bentley 应用程序，赫尔辛基市向众多利益相关者开放项目数据，提高模型的信息透明度和利用率，凭借着开放式数据架构，赫尔辛基市正在免费向市民、企业和高校开放模型，使其能够用于旅游、电信以及供电行业的商业规划和开发。

2.1.2 CIM基础平台在国内的应用现状

1. 住房和城乡建设部试点城市CIM平台应用现状

城市信息模型（CIM）首次得到官方认可是在2016年10月17日上海市人民政府印发的《上海市城乡建设和管理"十三五"规划》中提到"探索构建城市信息模型（CIM）框架，创建国内领先的BIM综合运用示范城市"。

2018年11月住房和城乡建设部将北京城市副中心、厦门、雄安新区、广州、南京列入"运用建筑信息模型（BIM）进行工程项目审查审批和城市信息模型（CIM）平台建设"试点城市。

2. 其他城市CIM平台应用现状

除住房和城乡建设部列入的五个试点城市以外，上海杨浦滨江、广州南沙明珠湾、青岛中央商务区/桥头堡国际商务区、陕西西咸新区沣西新城丝路科创谷、深圳市可视化城市空间数字平台等都在不同程度推进落地CIM平台相关功能和应用。

2.2 CIM基础平台在国内外推广应用前景

2.2.1 CIM基础平台在国外的推广应用前景

1. 新加坡CIM平台推广应用前景

通过适当的安全和隐私保护，"虚拟新加坡"将使公共机构、学术界和研究界、私营企业以及社区能够利用信息和系统功能进行政策和业务分析、决策制定、测试想法、社区协作和其他需要信息的活动。

（1）政府

"虚拟新加坡"是一个关键的推动者，将加强各种WOG计划（智能国家、市政服务、全国传感器网络、GeoSpace、OneMap等）。

（2）新加坡的公民和居民

通过"虚拟新加坡"提供地理可视化，分析工具和3D语义嵌入式信息将为人们提供一个虚拟而现实的平台，以连接和创建丰富社区的意识和服务。

（3）企业

企业可以利用"虚拟新加坡"内的大量数据和信息进行业务分析、资源规划和管理以及专业服务。

（4）研究社区

"虚拟新加坡"的研发能力允许为公私合作创造新的条件和技术，为新加坡创造价值。在其他新的研究领域中，语义三维建模是一个新兴领域，需要研究和开发用于多方协作、复杂分析和测试的复杂工具。

2．芬兰赫尔辛基CIM平台推广应用前景

（1）共享平台解决方案

国家间的交流不仅限于北欧五国之内，赫尔辛基同时也加入了欧盟内部针对物联网、AI和大数据等新兴技术的若干个合作项目，与更多欧洲国家一道探索智慧前路。

第1章如上述"SELECT"物联网项目，由"欧盟地平线计划2020"和赫尔辛基、安特卫普和哥本哈根三个城市共同出资，以寻求一个共享的IoE（Internet of Everything）平台解决方案。在这项创新挑战的最后阶段，三个运营方的解决方案都会在赫尔辛基和安特卫普两地，结合当地软件开发商、城市专家和居民进行测试。

（2）试行现实建模技术的力量

除了创建模型之外，赫尔辛基还有一个交付成果，就是通过一系列试点项目展示现实建模的力量。该城市的开放数据方法支持这一可交付成果，因为赫尔辛基获得了外部商业合作伙伴和高校的帮助，以确保其优化模型的利用率。赫尔辛基有超过12个试点项目正在进行中，这些模型已被用于诸如优化能源分析、太阳能利用分析、洪水评估和噪声计算。赫尔辛基将3D模型与开放数据方法相结合，突破了现实网格的界限，向全世界展示了数字城市可以通过3D城市模型实现的目标。

（3）实现碳中和目标减少对化石燃料依赖

2020年1月，芬兰和欧盟其他8个成员国共同加入了欧洲"协同项目"（Synergy Project），预计持续到2023年6月底。该项目旨在建立一个基于人工智能技术处理和利用电力领域多渠道（API、历史数据、统计数据、物联网/传感器数据、气候数据、能源市场数据以及其他开放数据来源）的原始、加工信息，并通过精细化运营提高电力使用效率的欧洲大数据平台。加入该项目有助于赫尔辛基制定更节能的城市治理方案，从而实现"赫尔辛基碳中和2035"目标，减少对化石燃料的依赖。

（4）开放数据共享新型工具助力维护数据安全

赫尔辛基与Forum Virium合作，创建了一个数字孪生模型，作为模拟、可视化和参与的开放数据进行共享，证明城市规划、第三方组织，甚至城市居民都可以参与建设数字孪生模型，以提供有价值的反馈。赫尔辛基与Forum Virium的合作不仅作为项目和芬兰AI社区之间的桥梁，而且带来了关于数据、应用程序接口，以及机器学习、5G等新技术在未来城市服务中进行应用的经验。从经验的输入与输出中，赫尔辛基不断提高着自身在科技理论和实践经验交流中的影响力。

智慧城市的数据开放和应用使得数据事务链接规模不断扩大，数据安全风险也就同步扩大。市民作为用户在享受数据带来的便利的同时，也不免对个人隐私保护问题提高了重视。在Forum Virium Helsinki的支持下，Smash Hit项目计划于2020年1月到2022年12月间在赫尔辛基Jätkäsaari区域试行，旨在从个人和产业平台方面解决用户认同和数据共享安全性的问题。Smash Hit作为一种新型工具，意为安全可控地分发和共享个人及产业数据的智能调度器，覆盖了数据的可追溯性、数据指纹、数据所有者之间的自动化合约等方面，并主要通过两个重点行业——兼备个人及产业平台数据的保险业和智能交通领域，来测试该安全解决方案在增进用户信任上的可行性。Forum Virium Helsinki的责任在于确保数据共享遵循"My Data"原则。"确保市民知晓哪些个人信息被使用以及如何使用"是赫尔辛基数字化六大战略目标之一。

2.2.2　CIM基础平台在国内的推广应用前景

1. 住房和城乡建设部试点城市CIM基础平台的推广应用前景

住房和城乡建设部五个试点城市主要完成运用BIM系统实现工程建设项目电子化审查审批、探索建设CIM平台、统一技术标准、加强制度建设、为"中国智能建造2035"提供需求支撑等任务，逐步实现工程建设项目全生命周期的电子化审查审批，促进工程建设项目规划、设计、建设、管理、运营全周期一体联动，不断丰富和完善城市规划建设管理数据信息，为智慧城市管理平台建设奠定基础。

2. 其他城市CIM基础平台的推广应用前景

目前其他城市的区域化CIM试点主要呈现出以下特征：

（1）利用CIM平台1∶1还原区域的规划设计成果，把已建成、建设中、待建的项目都集成到一个平台（包括地上建筑、景观、设施、地下管线等），提前对区域建成后的整体环境进行浏览。

（2）可以基于CIM平台进入单体化的建筑物内部浏览，包括管道、电路、电灯、门等部件，真实还原建筑的内部场景。

（3）在建设施工阶段，基于CIM平台，行业管理人员可以从设计图纸审查、质量、安全、绿色施工、进度等方面对建设工程项目进行数字化动态监管。

（4）在运维管理阶段，通过CIM平台对区域内的城市管理各项关键信息进行收集、分析和整理，对生态环境和洪涝灾害等进行实时监测，对公共安全、民生（停车位状态及停车信息、路灯亮度及覆盖范围等）、城市服务（智能垃圾箱满溢状态、智能井盖状态）等需求作出智能响应。

第3章 广州市CIM平台推广应用分析

3.1 广州市CIM平台应用现状

2018年3月2日，住房和城乡建设部向广州市政府发送了《住房城乡建设部关于开展运用BIM系统进行工程建设项目报建并与"多规合一"管理平台衔接试点工作的函》（建规函〔2018〕32号）。广州市政府高度重视，办公厅批示该试点任务由广州市国土资源和规划委员会、住房和城乡建设委员会遵照办理。

广州市政府根据《住房城乡建设部关于开展运用BIM系统进行工程建设项目报建并与"多规合一"管理平台衔接试点工作的函》（建规函〔2018〕32号）的要求，2018年9月28日，开展广州市"运用BIM技术进行工程建设项目报建并与'多规合一'管理平台衔接试点"项目实施，奥格科技股份有限公司中标。该项目主要围绕BIM电子报批技术与"多规合一"管理平台衔接技术进行研究和验证，以开展工程建设项目BIM应用，支撑工程建设项目审批制度改革，推动建设领域信息化、数字化、智能化建设，为"数字城市、智慧社会"提供城市信息模型（CIM），提升社会治理能力的现代化作为工作目标。

利用奥格城市信息模型软件AgCIM快速加载集成海量地理空间数据、BIM模型、物联网传感器监测数据等多源异构数据的能力，接入了报建项目BIM模型、倾斜摄像、三维模型、地下管线、地铁模型、"多规合一"一张图、"四标四实"、电子地图、遥感影像等数据，以Web 3D为核心引擎，构建广州城市信息模型系统（CIM）。以城市设计为抓手，利用AgCIM快速定制开发了城市设计辅助决策应用，辅助城市规划人员对城市设计方案进行编制、审查和监督，并实现了与广州市"多规合一"管理平台的衔接。

3.1.1 聚焦CIM平台建设，构建标准体系，推进数据汇聚融合

1. 构建标准体系，夯实建设基础

以"立足实际，适度超前，发挥标准引领作用"的编制原则，构建平台建设、规划报批、施工图审查及竣工验收备案四大类CIM标准体系，编制CIM平台技术标准、CIM数据标准等11项配套标准指南，明确了CIM基础平台建设定位、平台架构、功能和运维要求，对城市CIM数据分级、分类与编码、组成与结构、入库更新与共享应用等进行规定。

2．加强平台功能建设，推进数据汇聚

一是持续加强平台功能建设。围绕CIM数据引擎、数据管理子系统、模拟与分析子系统、数据集成网关等9个主要功能模块进行开发，实现数据模型轻量化入库管理，具备海量数据的高效渲染、模拟仿真、数据分析、物联监测等能力，支撑城市级数据精细化应用。二是推进全市现有数据信息汇聚。CIM平台集成了智慧广州时空信息云平台、"多规合一"管理平台、"四标四实"、工程建设项目联合审批等多个来源多种格式的数据，并大力推动新建项目BIM入库。结合城市现状开展三维建模，2021年将继续开展城市现状精细建模工作，不断完善全市"一张三维底图"。

3．制定数据目录，完善共享机制

（1）形成了包含26个部门的《广州市城市信息模型（CIM）平台信息共享目录》，研究制定了《广州市CIM基础平台推广应用指南》，推动时空基础数据、资源调查数据、规划管控数据、工程建设项目数据、公共专题数据、物联网感知数据等7大类共1467个图层的数据资源共建共享。支撑CIM平台应用场景开发建设，实现了与部级平台的互联互通，向部级平台共享了20大项35小项的数据。

（2）探索示范区建设，"广州新中轴线——琶洲核心区"50km^{2}连片区域示范区实现了用地、规划、建设、验收登记四个阶段5万多个业务案件的审批数据关联、挂接，实现"一库管理、一屏展示"。

3.1.2 推动智能化辅助审查，深化工程建设项目审批制度改革，提高审批效率

1．规划审查阶段

开发智能审批工具，实现了计算机辅助合规性审查，实现容积率、建筑密度等12项规划指标自动提取和计算机辅助生成"规划条件"，减少了人为计核误差和人工复核时间，取消了建设用地规划许可咨询服务环节，压缩了10个工作日。2020年，核发规划条件中744宗使用了机器辅助生成功能。

2．建筑设计方案审查阶段

全面梳理各类审查指标，划分为机审指标、机审辅助指标和人审指标。开发智能化审查工具，实现从设计自检、规划指标一键提取、表单数据自动化填报、指标审核的全链条覆盖。推进建筑工程分类管理，针对中小型建筑和产业区块内的工业建筑实施"机审+告知承诺制"。2020年，共28个建筑工程、8个轨道交通工程项目利用BIM报批工具进行了测试，并通过审查顺利完成报批。

3．施工图审查阶段

开发广州市房屋建筑工程施工三维（BIM）电子辅助审查系统，通过对建筑、

结构等相关专业，以及消防、人防、节能等专项相关标准条文进行筛选、拆解及计算机语言转译，实现对247条国家规范标准条文的计算机辅助审查，支持自动生成审查报告，进一步提升审查效率和审查质量。

4．竣工验收阶段

以华南理工大学国际校区为试点，开展基于CIM的施工质量安全管理和竣工图数字化备案系统建设工作，推动三维建筑模型与工程质量验收、测绘验收、消防验收、人防验收等信息挂接，实现施工质量安全监督、联合测绘、消防验收、人防验收等环节的信息共享，辅助三维数字化竣工验收备案。

3.1.3　围绕智慧城建重点领域建设，构建CIM平台应用体系，提升城市精细化管理水平

1．汇聚全市数据，强化分析研判能力

（1）通过CIM平台，加强对生态宜居、城市特色、交通便捷、生活舒适、安全韧性、多元包容、城市活力7大类41项指标数据的汇聚和综合评估，实现城市体检"数据全面、指标科学、评估精准"的目标。

（2）搭建移动端广州市重大项目管理与监测系统，实现对重大项目的全生命周期监测和智慧化管理，汇聚1600多个"攻城拔寨"重点项目进展情况，并在2020年促成270多个重点项目开工建设。

（3）基于CIM三维底图，构建广州城市运行管理中枢（"穗智管"）建设主题应用板块，逐步实现城市更新、智慧工地、住建重点项目统筹、房地产市场监测、消防审验的综合分析、展示和辅助决策功能。

（4）基于CIM基础平台，构建智慧会议调研系统，实现"一图看广州""一点通全市""一线连上下"等功能，全面提升广州市统筹规划、智慧研判、综合协调、智慧调度、实时督办的管理创新水平。

2．融合物联技术，实现远程监督管理

（1）基于CIM平台实现全市1516个在建房屋工程的智慧化监管，对施工现场的起重机械、深基坑、高支模等重大危险源进行远程监控，对扬尘、噪声等环境指标进行实时监测，对工地现场进行视频监控、远程连线等多方式巡检，对工地人员、材料、执法、巡检进行线上管理。

（2）持续推进全市既有玻璃幕墙项目、各级危房项目的基础信息集成，探索智慧幕墙监管、危房自动化安全监测。

（3）结合广州市猎德污水处理系统示范区建设，推动基于CIM平台智慧水务应用，加强业务数据采集及共享，探索开发排水三维模拟、河流水位监测、城市内涝

预警等功能。

3. 推动试点建设，积累综合应用经验

在人工智能与数字经济试验区等4个不同类型区域开展试点建设，探索基础数据协同联动技术路径，建设包含地上建筑物、交通设施、市政设施和地铁、地下管线等信息的全信息模型，在企业管理、人口调查、网格化管理、违法建设治理、环境卫生治理、社区服务等方面探索CIM平台综合应用。

3.2　广州市CIM平台推广应用前景

3.2.1　结合CIM平台建设，开展新城建规划路线

建立一个能够承载城市现状及规划3D数字模型的基础平台，实现CIM1.0成熟度建设目标；在规划条件审查、规划方案审查和项目策划生成等阶段推动"机审辅助人审"；通过CIM平台实现建筑/市政设计方案三维数字报批和计算机辅助审查；基于CIM平台开展施工图中部分刚性指标的三维数字化审查；实现基于CIM基础平台的竣工图数字化备案，实现施工模型与竣工模型的差异比对，简单明了地展示审查结果；实现CIM2.0成熟度的建设目标；逐步将各类建筑和基础设施的三维模型及传感器数据纳入CIM平台；基于CIM基础平台开发"智慧住建"相关应用，并根据实际需求进行智能汽车相关领域的应用扩展。

基于CIM基础平台，建立与空间位置强相关领域（装配式建筑、城市管理、环境保护、应急管理、交通运输、园林绿化、工业和信息化、公共卫生、城市体检等）的专业化应用；拓展CIM基础平台能力边界，不仅可以通过IoT模拟展示交通、噪声、光线、风、水等监测数据，还可以在线验证、仿真模拟各类场景遇到的问题，并制定解决方案。

深化CIM基础平台功能，不仅可以对各类建筑/基础设施的设计使用寿命进行数字诊断，而且可以提供智能预测，为即将发生的事情制定预判方案；可以将人工智能（AI）与CIM基础平台相结合，通过人工智能（AI）技术进行自主学习，通过对大量城市管理者需要的数据进行分析，洞悉人工判断容易错过的城市复杂运行规律和自组织隐性秩序；将CIM基础平台的能力向全社会开放，建立面向全社会的应用，积极培育基于数字孪生概念的ICT产业。

3.2.2　推动广州智能汽车产业发展，开展车城网方面探索

1. 利用CIM搭建自动驾驶汽车安全性测试评价环境

通过CIM搭建真实世界1：1数字孪生场景，还原物理世界运行规律，满足智能驾驶场景下（交通状况模拟、驾驶天气模拟、行驶路面模拟、驾车场景模拟等）人工智能算法的训练需求，大幅提升训练效率和安全度。如通过采集激光点云数据，建立高精度地图，构建自动驾驶数字孪生模型，完成厘米级道路还原，同时对道路数据进行结构化处理，转化为机器可解析的信息，通过生成大量实际交通事故案例，训练自动驾驶算法处理突发场景的能力，最终实现高精度自动驾驶的算法测试和检测验证。

2. 利用CIM搭建"被动式车路协同监测环境"

通过CIM平台的建设，可以实现城市感知终端"成群结队"形成群智感知能力。感知设施将从单一的RFID、传感器节点向感知、通信、计算能力更强的智能硬件、智能杆柱等迅速发展，形成大范围、大规模、协同化普适计算的群智感知。

基于CIM打造"被动式车路协同监测环境"，通过单向被动式的数据通信接口（由政府打造并提供，车联网厂商统一接入，智能汽车向智能基础设施传输信息），实现城市基础设施与智能汽车的协同化及驾驶过程关键数据的全留存，对于政府部门精细化数据挖掘和科学决策，出台指挥调度指令及公共决策监测，极端情况下第三方信息印证，对全面实现动态、科学、高效、安全的城市交通管理有着重大意义。

3. 利用CIM搭建车联网/智能汽车基础交通信息平台

通过CIM可自动计算城市道路网密度、干线网密度、人均道路面积、非直线系数、时间可达性、空间可达性等多项指标，对路网进行分区、分段、总体的空间拓扑评价。基于交通流量数据或者起止点数据，利用交通流理论计算路阻函数、道路路况、交通密度等信息，也可以基于微观仿真将流量转化为宏观参数输入，输出交通运行的仿真结果，对运行效率、路网负荷度等进行分析评价。

车联网/智能汽车通过CIM实现对城市地面交通信息的精准采集，并将上述数据作为交通基础信息整合到车联网/智能汽车行驶路线中，智能化预判实现车辆出行效率的最大化。

3.2.3　开展"BIM/CIM技术应用产业研究"，助推广州市产业升级

（1）印发进一步加快推进广州市建筑信息模型（BIM）应用的通知，推动BIM应用推广；

（2）以装配式建筑、智能建造为重点，开展"BIM/CIM技术应用产业研究"，助推广州市产业升级，动能转换；

（3）将"广州市基于CIM的智慧城建十四五规划"列入广州市"十四五"重点专项规划，全面布局全市CIM平台建设应用；

（4）结合CIM平台建设，推动城市智慧汽车基础设施和机制建设试点工作，充分发挥南沙、黄埔等区汽车产业领域的经验和优势，助推智慧汽车产业发展；

（5）通过营造氛围浓厚的CIM商机，吸引数字孪生相关产业链机构（软件开发、咨询服务、业务培训等）落地广州，形成广州ICT产业发展新的增长极；

（6）推动组建广州市智慧城市投资运营有限公司和广州建设行业智慧化产业联盟，探索市场主体参与的商业新模式，带动全市智慧城市上下游产业发展。

广州市将深入贯彻落实住房和城乡建设部工作部署，以CIM平台建设试点成果为基础，进一步落实好"新城建"试点工作任务，使城市治理更加智能化、智慧化，不断提高城市服务和管理精细化水平。

第二篇

广州市CIM平台
构建与应用

第4章　广州市CIM平台构建定位

广州市城市信息模型（CIM）平台是智慧城市的基础平台，在现有信息化成果的基础上构建以二维地图、三维模型、BIM等数据为底板，汇集城市、土地、建设、交通、市政、教育、公共设施等各种专业规划和建设项目全生命周期信息，全面接入移动、监控、城市运行、交通出行等实时动态数据，CIM平台在广州市智慧城市建设中的定位如图4-1所示。

图4-1　CIM平台在广州市智慧城市建设中的定位

基于CIM平台开发的智慧审批应用，可以有效实现"规划审查、建筑设计方案审查、施工图审查、竣工验收审查"四个阶段由人工审批向机器辅助审批转变，未来还可以在CIM平台的基础上开发智慧交通、智慧教育、智慧医疗、智慧公安、智慧社区、智慧排水、智慧市政等智能应用，为城市的规划、建设、管理提供有效支撑。

具体可分三步走：

第一步，以工程建设项目审批制度改革为抓手，推动各地在城市层面把所有规划统筹起来，形成城市空间全覆盖的一张蓝图，建立基于地理信息系统技术的城市CIM管理平台，将城市规划建设管理的基础数据、信息纳入其中，作为智慧城市建设的基础平台。

第二步，推进建筑信息模型、报建审查审批系统和CIM平台对接，逐步将各类建筑和基础设施全生命周期的三维信息纳入CIM平台，不断地丰富和完善智慧城市的基础平台，使其从二维拓展到三维。

第三步，逐步将部署于各类建筑、交通工具和基础设施的传感网，纳入智慧城市基础平台，将城市运行、交通出行等动态数据全面接入智慧城市的基础平台。建设未来智慧城市管理平台，最终建设更加智能、更加美好的现代化城市。

第5章 广州市CIM平台构建理论

5.1 指导思想

5.1.1 理清需求原则

理清需求原则是指在决定实施CIM平台之前，一定要明确实施CIM平台的核心目的是什么，搞清应用CIM技术来解决什么问题，CIM技术可以为广州市的发展带来什么价值和增益。只有明确了应用需求，然后再制定具体的CIM技术应用实施方案，实施起来才能有的放矢。

根据国内其他城市的经验和教训，在实施CIM平台时容易出现一些不够理性、客观的现象，在没有明确实施目标和需求时仓促推行CIM，三维模型建立完成以后却不知模型在后续工作中如何应用，导致最终耗费了很多资源，却没有看到很好的效果反馈。

5.1.2 专业为本原则

专业为本原则包括建筑施工（管理）业务本身的专业性和系统平台的专业性两大方面。首先，CIM平台实施对实施人员建筑专业方面的能力要求很高，施工项目各个阶段、各类不同需求都需要专业人员来进行具体的操作和应用，例如CIM平台在管线综合管理应用中，如果参与CIM实施的人员本身对管线排布、深化设计等专业知识都缺乏，那利用CIM来更好地解决业务问题就更无从谈起；其次，对CIM平台相关技术的掌握要足够专业。CIM实施涉及的数据复杂性、多样性和海量性非一般信息化系统可比拟。从应用系统上来说，涉及不同的业务系统、不同的BIM技术应用、不同的软件供应商和专业，包括土建设计、结构计算、机电设计、能耗分析、工程量计算、施工模拟、碰撞检查等。实施过程涉及的系统是否足够稳定、高效、易用，是否符合标准要求、信息安全、应用并发、异构处理、云端计算等都需要有足够的认知。

5.1.3 应用为先原则

应用为先原则是指在整体规划和实施应用的基础上，只有通过具体项目的实际应用和落地，才能真正发挥CIM平台的价值，有效应用才是CIM实施的目的。

CIM平台实施始终以提高工程项目审批制度改革效率、提高工程建设项目全生命周期管理水平、提高工程建设项目相关单位运营效益为核心目的。政府在CIM应用过程中要兼顾社会效益和使用成效，结合应用效果评估在实践中不断优化、不断完善。

5.1.4 循序渐进原则

CIM实施是一个螺旋式上升过程，循序渐进、逐步提升是符合事物发展客观规律的选择。

CIM实施需要确定系统建设先后顺序，要遵循"四先四后"原则：

（1）先热点后全面，遵循"是否与城市时空信息强相关？""是否与AEC（建筑、工程、施工）行业紧密相关？""三维或多维信息模型是否能显著提升行业管理决策水平？"来决定实施的先后顺序。CIM要紧密围绕政府管理与行业发展的核心业务开展，方能为参与各方创造最大的应用价值。

（2）先现实后理想，先易后难、由浅入深、小步快跑，确保每一个步骤都有成效，可以让利益相关方对CIM技术的应用保持激情与动力。

（3）先结果后过程，先做能够快速见到效果和效益的业务。

（4）先标杆后推广，应优先选择基础条件较好的项目进行试点，起到标杆示范作用，再引领带动广州市整体CIM技术/BIM技术应用水平的逐步提升。

5.2 实施方法与策略

5.2.1 理解CIM应用

项目实施团队要深刻了解应用CIM技术的目的和价值，只有了解为什么要应用CIM技术，才能确保将项目实施中的沟通成本和配合成本降到最低。目前可以通过很多方式了解CIM的技术应用点，最直接的方式就是求助于各个软件供应商或咨询公司。

5.2.2 确定CIM技术应用点和应用流程

项目团队应详细讨论每个CIM技术应用点是否适合本项目的具体情况，包括每个应用点可能给项目带来的价值、实施的成本以及可能的风险，以确定该应用点是否适合本项目。

为明确CIM技术应用点的实施步骤，需要设计技术应用流程，明确各个应用点之间的关系和实施顺序。CIM实施流程有两个层次：①总体流程，说明该项目中计划实施的所有CIM技术应用点之间的关系及信息交换；②详细流程，描述每一个应用点的具体执行步骤及对应的数据交换。

5.2.3　制定信息交换需求策略

为了顺利实施CIM，需要了解每个CIM技术应用点所需要的信息，并明确关键信息的交换需求。CIM技术应用流程确定了项目参与方之间的信息交换行为，所定义的交换信息是每一个信息交换的创建方和接收方需要交互的内容。

5.2.4　基础数据准备

基础数据是应用CIM技术开展业务工作的必备条件，甚至可以影响后期项目试运行或正式应用，因此，实施过程中，基础数据的准备完善与否是CIM平台稳定性的重要影响因素。

5.2.5　CIM平台开发和测试

根据CIM平台总体技术架构、应用体系架构、数据结构设计与开发技术路线确认，按计划逐步推进CIM技术数据库建设、CIM基础信息平台建设、基于CIM的统一业务办理平台建设。

5.2.6　CIM平台试运行

项目试运行是项目正式运行之前的过渡阶段，通过对实际业务模拟操作，检验CIM应用软件产品是否满足实际业务需求，并检验系统平台的稳定性和健壮性，为正式运行积累宝贵经验。

5.2.7　CIM平台应用

项目进入正式应用与维护阶段后要保证以下几个方面：
（1）要明确专门的软件运维人员；
（2）要签订必要的维护合同为平台稳定性、适应性负责；
（3）建立CIM平台的管理制度及应用考核机制。

5.2.8　CIM平台总结评价

项目完成以后，需要进行总结评价，其目的是验证CIM技术应用给日常工作带来贡献和产生效益的情况。

可以从两个维度对CIM平台进行评价：①应用CIM技术给城市管理带来的显性经济价值和隐性社会效益角度进行评价；②对CIM平台技术应用成熟度进行评价，为平台的提升和完善提供可参考、可借鉴的方向。

5.3 成熟度模型

基于智能化程度分析，CIM平台成熟度可以划分为四个阶段（图5-1）：

（1）CIM1.0：特征是3D视觉城市，通过3D地理信息系统，建立一个城市环境的数字模型；

（2）CIM2.0：特征是CIM基础平台的建立，基于CIM基础平台实现"规—设—建—管"应用，辅助工程建设项目全生命周期BIM模型审批；

（3）CIM3.0：特征是基于CIM基础平台的专业应用，基于CIM基础平台，建立与空间位置强相关领域的专业化应用，并具备在线验证、数字诊断、仿真模拟等功能；

（4）CIM4.0：特征是智慧城市基础操作系统，CIM基础平台具有自主学习、自动优化、智能预测的能力，并将该能力向全社会各领域开放，建立面向全社会的应用。

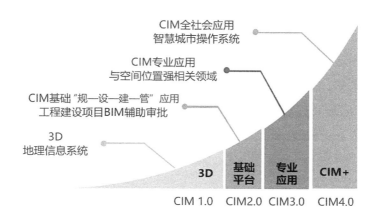

图5-1 CIM平台成熟度模型

5.4 能力评价指标体系

基于美国Building SMART协会发布的BIM能力成熟度模型（BIM Capability Maturity Model）编制了CIM平台能力评价指标体系（CIM Capability Evaluation Index System），该模型是一套以项目生命周期信息交换和使用为核心的可以量化的CIM评价体系，提出了14个评分要素，每个要素被分为10个不同的能力等级，每个评分要素的各个级别代表不同的分数，确定每个评价要素能力等级就可以确定各个要素得分，累加加权之后便是CIM得分（百分制）。

CIM平台能力评价指标体系评分要素具体包括：①数据丰富性（Data Richness）；②全生命周期视角（Life-cycle Views）；③变更管理（Change Management）；④角色或专业管理（Roles or Disciplines）；⑤业务流程一体化能力（Business Process）；⑥数据时效性/响应能力（Timeliness/Response）⑦数据传递方式（Delivery Method）；⑧图形化信息（Graphical Information）；⑨空间能力（Spatial Capability）；⑩信息准确性（Information Accuracy）；⑪输出成果互用性/支持IFC格式（Interoperability/IFC Support）；⑫在线验证能力（Online Validation Capability）；⑬在线预测能力（Online Predictive Capability）；⑭自我学习能力（Self-learning Ability）。

第6章 广州市CIM平台系统设计

6.1 总体架构设计

借助数字中台的理念、方法和技术路线，基于微服务开发和运行框架，以云原生架构的服务共享与运维体系为支撑，融合高性能计算、大数据、AI和IoT等技术，构建广州市CIM平台的技术中台、数据中台和业务中台，实现城市信息模型的整合沉淀和共享应用、凝练基于城市信息模型的"规—设—建—管"基础能力，发挥多维虚拟模型支持下的数字孪生城市的实时柔性仿真能力（"在数字城市试错，在物理城市执行"），持续为数字政府与智慧城市的创新应用和快速迭代赋能。

广州市CIM平台在政策法规体系、标准规范体系、安全保障体系和运维管理体系的支撑下，集成了感知层、运行支撑层、中台层、应用层，广州市CIM平台总体架构设计如图6-1所示。

1. 感知层说明

包括物联感知传感器和相关设施设备的部署与接入。CIM平台在工程项目"建

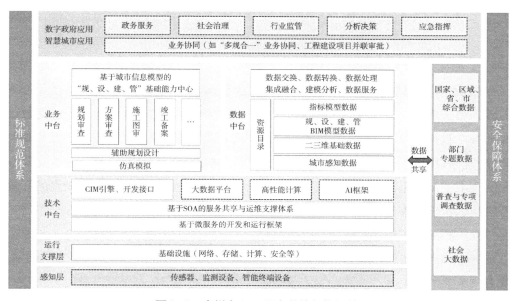

图6-1 广州市CIM平台总体架构设计

27

设、管理"阶段需要接入大量的物联网数据以支持平台应用；需要接入的物联网数据包括工程建设期间安全监控数据、工程交付后在线指标监测数据、城市运行多维度实时动态信息（交通/天气/水务/火警/环境/……）等，其中除视频监控需要直接接入实时视频流数据外，其他物联网数据都是通过接入已有信息化系统的数据服务实现。

2. 运行支撑层说明

支撑CIM平台运行的各种基础设施，包括信息机房、网络设备、存储设备、服务器设备、安全设备、终端设备和操作系统等基础软件。为支持复杂的业务/服务场景，运行支撑层应采用便于管理、维护和扩展的云平台基础设施。

3. 技术中台说明

基于微服务开发和运行框架，以云原生架构的服务共享与运维体系为支撑，支持虚拟化云环境部署、大规模集群部署等多种方式；利用云网关、云服务总线、云配置中心等核心基础设施并基于敏捷迭代方式助力业务中台、数据中台的快速建设；融合高性能计算、大数据、人工智能AI和物联网IoT等技术，构建CIM平台的技术中台。CIM技术中台整合CIM引擎和各种中间件能力，通过包装，提供简单一致、易于使用的技术能力接口与服务，为数据中台和业务中台的运行提供支撑。

4. 业务中台说明

基于城市信息模型的"规—设—建—管"基础能力中心。CIM业务中台将BIM模型沉淀过程、各类应用场景的共性能力以组件的形式打包封装，高内聚、低耦合，通过微服务和API接口为上层多种应用提供支撑，实现能力共享，以满足各行业基于CIM平台的"规—设—建—管"应用要求，提供辅助规划、设计和仿真模拟功能。

5. 数据中台说明

CIM数据中台对从后台及业务中台流入的数据进行数据交换、数据转换、数据处理、集成融合、建模分析，并统一管理，以微服务和API形式为前端应用提供数据服务。数据中台以数据资源目录为纲，实现对海量城市感知数据、二三维基础数据、"规—设—建—管"BIM模型数据的管理，并以业务需求为导向，通过建模分析实现数据产品化包装，构建核心数据能力，对前端业务提供灵活、可调度的、微服务化的数据服务支撑。

6. 数字政府应用/智慧城市应用说明

基于CIM基础平台能力，低成本、高效率搭建出满足目标用户需求的应用系统。从建设的重点看，多源、多维数据融合可视化的城市信息模型是核心，全域部署的智能设施和感知体系是前提，支撑虚实交互毫秒级响应的极速网络是保障，实现虚实融合智能操控的城市大脑是重点，数字孪生城市已经成为新时代智慧城市的创新实践。

6.2　应用体系设计

广州市CIM平台建设以工程建设项目三维电子报建为切入点，打造广州智慧城市操作系统，建立"1+N"的广州城市信息模型（CIM）平台体系（图6-2）。

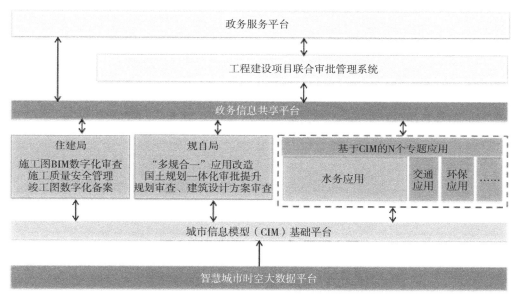

图6-2　广州市CIM平台应用体系

"1"是指打造一个能起到智慧城市操作系统作用的CIM基础平台，通过汇聚现状二/三维底图、BIM单体模型、"四标四实"、交通基础设施物联网数据、广州市国民经济和社会发展数据等基础信息，构建能够实现多源异构BIM模型格式转换及轻量化入库、反映建筑物内部结构及重要属性，多尺度监控分析/仿真模拟的城市全维度信息模型，为城市"规—设—建—管"全生命周期服务。

"N"是指基于CIM基础平台的三大类应用，即工程项目审批制度改革2.0应用、城市精细化管理应用和产业化应用。

"工程项目审批制度改革2.0应用"主要是指基于CIM基础平台推动BIM技术在"规划审查、建筑设计方案审查、施工图审查、竣工验收备案"中的应用，实现工程建设项目技术审查工作由人工审批向计算机辅助审批转变，为项目审批增速、提质，为CIM基础平台积累BIM模型。

"城市精细化管理应用"主要是指城市更新、智慧工地、房屋管理、城市体检、防灾减灾等细分领域在CIM平台上的应用扩展，主要是通过传感器将上述专题的实时信息同步到CIM基础平台并与对应的三维模型衔接，实现指标数据基于二维、三维的一体化展示和分析决策。

"产业化应用"主要是指推广CIM平台和BIM技术应用对智能汽车、智慧建造等产业的带动作用。对于智能汽车产业基于CIM平台可以大幅提升智能驾驶场景下人工智能算法的训练效率。对于智慧建造产业基于BIM技术应用可以有效打通建造过程各环节、各专业、各参与方的信息屏障。

6.3　数据架构设计

广州CIM平台数据架构如图6-3所示，本项目的数据涉及二维数据、三维数据和BIM模型等数据。

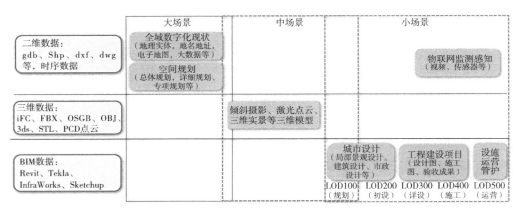

图6-3　广州CIM平台数据架构

二维数据主要是大场景的全域数字化现状数据、空间规划数据，小场景的物联网监测感知数据，全域数字化现状数据包含地理实体、地名地址、电子地图（底图）数据，空间规划主要包含总体规划、详细规划、专项规划以及历史规划数据，通常以GIS/CAD和时序数据格式存在，是CIM平台常见数据源。

三维数据主要是针对示范区域的倾斜摄影、激光点云等三维模型等数据，常见格式有FBX、OSGB、OBJ、3ds、STL等，是CIM平台主要数据源。

BIM模型主要是围绕城市"规—设—建—管"领域涉及的数据，主要包括局部区域（如城市CBD）中小场景的城市设计数据（如局部景观设计、建筑设计、市政设计等）和工程建设项目数据（主要是详细设计图BIM成果、施工图BIM成果和验收BIM成果），对应BIM五级LOD分别适应于规划、初步设计、详细设计、施工和运营等应用场景，要兼容常见软件Revit、Tekla、InfraWorks、SketchUp等数据格式，是本项目CIM平台需要兼容的重要数据源。

6.4 基础设施架构设计

6.4.1 硬件系统架构设计

广州CIM平台计划租赁广州市政府信息化云平台的计算与存储资源。广州市城市信息模型（CIM）平台所涉及的应用较多，三维数据占比大，数据量相对较多，为保障客户端快速访问平台并调取展示所需的数据，广州市城市信息模型（CIM）平台应用端采用当今主流分布式加负载均衡相结合的方式，数据的存储与调用采用当今主流关系型与非关系型（分布式架构，类似大数据的数据存储与调用）相结合的方式。

6.4.2 系统运行环境设计

1. 硬件环境

（1）客户端硬件配置

考虑到本平台以三维数据为主，各使用单位的客户端展示时需要渲染，对CPU、内存、显卡的要求相对会高一些，根据以往的经验，客户端建议配置包括了硬件（表6-1）、视频/图形适配器（表6-2）、操作系统（表6-3）、浏览器（表6-4）等方面的要求，具体如下：

1）硬件要求

客户端硬件要求　　　　　　　　　　　　　　　　表6-1

术语	支持和推荐的配置
CPU速度	最低要求：双核，超线程
	推荐：4核
	最佳：10核
平台	具有SSE2扩展模块的x64
内存/RAM	最低：4GB
	推荐：8GB
	最佳：16GB及以上
显示属性	24位颜色深度
	另请参阅以下视频/图形适配器要求

续表

术语	支持和推荐的配置
屏幕分辨率	标准尺寸下使用1980×1080或更高分辨率
存储	最低：1GB的可用空间
	推荐：不少于1GB的固态硬盘（SSD）可用空间

2）视频/图形适配器要求（可选）

客户端视频/图形适配器要求　　　　　　　　　　　表6-2

术语	支持和推荐的配置
DirectX	最低：DirectX11功能级别11.0、ShaderModel5.0
	推荐：DirectX11功能级别11.0、ShaderModel5.0
OpenGL	最低：OpenGL4.3外加EXT_texture_filter_anisotropic和EXT_texture_compression_s3tc扩展模块
	推荐：OpenGL4.5外加ARB_shader_draw_parameters、EXT_swap_control、EXT_texture_compression_s3tc和EXT_texture_filter_anisotropic扩展模块
专用（不共享）图形内存	推荐：4GB或更高

注：请务必使用最新的可用驱动程序。

3）支持的操作系统

下列操作系统支持CIM系统（BS端）的登陆及使用：

客户端支持的操作系统　　　　　　　　　　　表6-3

序号	操作系统
1	Windows 10家庭版、专业版和企业版（64位）
2	Windows 8.1专业版和企业版（64位）
3	Windows 7旗舰版、专业版和企业版（64位）
4	Windows Server 2019标准版和数据中心版（64位）
5	Windows Server 2016标准版和数据中心版（64位）
6	Windows Server 2012 R2标准版和数据中心版（64位）
7	Windows Server 2012标准版和数据中心版（64位）
8	Windows Server 2008 R2标准版、企业版和数据中心版（64位）
9	Red Hat Linux 6.0
10	红旗Linux 7.0
11	中标麒麟（NeoKylin）
12	深度Linux（Deepin）15.11

4）浏览器要求

客户端浏览器要求

表6-4

浏览器名称	浏览器版本
Google Chrome	83或以上版本（推荐使用）
Mozilla Firefox	76或以上版本
Safari	5.1+（仅限于MacOS X操作系统，不包括Windows）
Opera	12 alpha及以上版本
IE	需要安装IEWebGL插件

（2）服务器端硬件配置

本平台的硬件配置主要包括高负载数据库服务器、中型虚拟机、网络安全服务及数据容灾配置等，具体服务器端硬件配置清单如表6-5所示。

服务器端硬件配置清单

表6-5

序号	资源名称		规格参数	单位	数量	租赁周期（年）
1	关系型数据库节点	高负载数据库服务器1	（2路8核、CPU主频≥2.4GHz、128GB内存、3×300GB硬盘、2块不低于200GB SSD固态硬盘、HBA卡、千兆网卡）需同时租用2U机柜1个	台	10	1
2		存储	数据存储（100GB、FC-SAN裸容量）	个	75	1
3	非关系型数据节点	大型虚拟机	（8核、主频≥2.0GHz vCPU、32GB内存、100GB存储空间）	台	5	1
4		存储	数据存储（100GB、分布式存储裸容量）	个	250	1
5	GIS群节点	高负载数据库服务器1	（2路8核、CPU主频≥2.4GHz、128GB内存、3×300GB硬盘、2块不低于200GB SSD固态硬盘、HBA卡、千兆网卡）需同时租用2U机柜1个	台	8	1
6		存储	数据存储（100GB、FC-SAN裸容量）	个	1200	1
7	应用服务节点	中型	（4核、主频≥2.0GHz vCPU、16GB内存、100GB存储空间）	台	10	1
8		存储	数据存储（100GB、分布式存储裸容量）	个	40	1
9	网络安全	安全服务	主机防病毒服务	项	33	1
10			虚拟防火墙	项	2	1
11			应用层防火墙	项	2	1
12			Web防篡改	项	10	1
13			漏洞扫描	项	1	1

续表

序号	资源名称		规格参数	单位	数量	租赁周期（年）
14	数据容灾	负载均衡	负载均衡（硬件级）	项	2	1
15		本地备份	备份一体机或虚拟磁带库10TB/客户端	项	7	1
16		同城备份	备份一体机或虚拟磁带库10TB/客户端	项	7	1

其中，4台关系型数据库节点高负载数据库服务器，2台用于部署平台主备式数据库，两台用于平台子系统及对接数据的数据库部署备用，数据库服务器需承担全市的CIM数据存储及调用需求，故而选择了高负载数据库专用服务器。

8台GIS群节点高负载数据库专用服务器。2台组成BIM模型服务集群；另外6台组成一个大集群下3个子集群，用于二维、三维服务的发布。GIS服务器需承担倾斜摄影模型单体化、BIM模型的发布工作，所发布的服务需承担全市的服务调用需求，高峰期内存占用预计会达到100GB左右，故而选择了高负载数据库专用服务器，需要存储全市域服务且4个集群间进行分配，每个集群预估40TB。

8台应用服务节点中型虚拟机应用服务器。2台组成一个集群用于平台系统开发及环境测试，2台组成一个集群用于部署正式CIM平台系统，3台组成一个集群用于部署CIM平台系统的中间件软件，1台预留备用其新增子系统及对接系统的需要，每个系统建成后预计有超50个并发，占用内存约10GB，故选择了中型虚拟机（4核、主频≥2.0GHz vCPU、16GB内存、100GB存储空间），需要存储上传的业务文件比较大（主要是原始BIM模型Revit文件），且不断地新增全市域范围内的原始BIM模型数据，所以额外增加了存储。

为了符合国家数据安全性要求，国家认证CIM基础平台等保测评安全级别为三级，采购了网络安全服务及数据容灾配置，分别对应用系统、数据库进行本地备份及同城备份。为提升系统应用的可靠性，增大负载率，分别对应用服务器集群、GIS服务器集群做负载均衡配置。

2．软件环境

平台的建设主要采用国产化软件，具体软件配置清单如表6-6所示。

（1）采用操作系统20套（Linux服务器版许可中标麒麟高组服务器操作系统V6.0）；

（2）2套RDS HA版服务，实现多数据库数据同步；

（3）4套东方通TongWeb V6.0；

（4）GIS平台3套，部署在3个GIS集群上。

软件配置清单 表6-6

序号	资源名称		规格参数	单位	数量	租赁周期（年）
1	关系型数据库	RDS HA版服务	PGSQL，内存≥64G，500GB数据存储	项	5	1
2		商业版关系型数据库技术支持	中国电信	项	5	1
3	操作系统	Linux服务器版许可	中标麒麟高组服务器操作系统V6.0	个	33	1
4		Linux年服务费		项	33	1
5	中间件	商业版中间件服务标准实例（16GB内存）	东方通TongWeb V6.0	项	10	1
6		商业版中间件技术支持	中国电信	项	10	1
7	GIS平台	GIS服务端	易智瑞地理信息系统企业级平台软件V10.7	套	3	由于云平台上缺少本项，需单独采购
8		GIS桌面端	易智瑞地理信息系统桌面软件V10.7	套	1	
9	网络带宽租赁	互联网访问带宽保障	100MB电子政务外网网络带宽	条	1	1

3. 网络环境

由于网络主要传输三维数据，数据量较大，除了通过切片分布展现的技术手段提供用户体验外，各单位的网络吞吐量也需要有所保障，建议各使用单位的电子政务外网的吞吐力建议不低于100MB，具体网络环境配置清单如表6-7所示，同时客户端网卡必须确保处于全双工运行模式。网络架构设计如图6-4所示。

网络环境配置清单 表6-7

序号	资源名称		规格参数	单位	数量	租赁周期（年）
1	网络带宽租赁	互联网访问带宽保障	100MB电子政务外网网络带宽	条	1	1

（1）广州市城市信息模型（CIM）平台以租赁的方式部署在广州市政府信息化云平台中，其租赁的云主机所在的物理节点均为万兆互联；

（2）各使用单位通过电子政务外网访问广州市城市信息模型（CIM）平台；

（3）广州市城市信息模型（CIM）平台的应用通过虚拟防火墙、应用防火墙及Web防篡的组合方式与外部环境进行安全连接，与同属广州市电子政云平台的其他单位业务系统采用VXLAN的方式进行网络隔离；

（4）通过VPN供设计单位、审图单位及移动端从互联网访问平台。

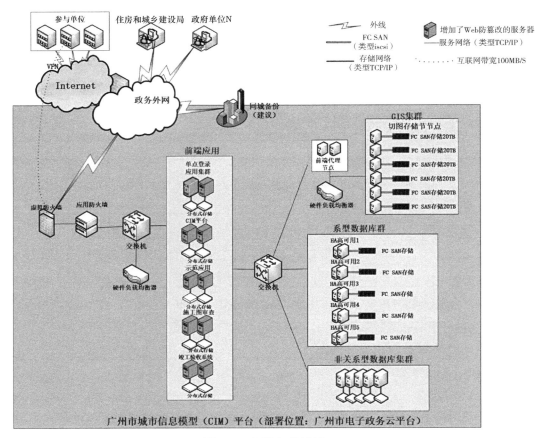

图6-4 网络架构设计

6.4.3 数据存储管理

1. 数据存储逻辑结构设计

对于数据的存储主要分为两种，一种是关系型数据，另一种是非关系型数据。对于非GIS数据和二维GIS、三维GIS、BIM模型的要素数据，存储在关系型数据库；对于三维GIS、BIM模型数据的瓦片数据，存储在非关系型数据库中，提高瓦片数据的访问速度；对于遥感影像、电子地图的瓦片数据，存储在硬盘里（图6-5）。

2. 数据物理部署方案设计

（1）关系型数据库的表级数据量约2亿~3亿条，相对较多，因此采用分散存储的方式提高数据的存储与访问速度，服务器采用10个高负载数据库服务器（2路8核、CPU主频≥2.4GHz、128GB内存、3×300GB硬盘、2块不低于200GB SSD固态硬盘、HBA卡、千兆网卡），并增加外部FC-SAN存储部署，以行政区划分成5组高可用（集群）库，共10台高负载数据库服务器，每2台组成1个集群库。充分考虑各

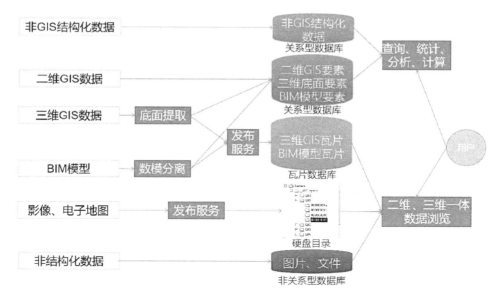

图6-5　数据存储逻辑结构

区的房屋密集程度、区域面积、项目数据等因素，5组集群库分配如下：①集群A：（越秀、荔湾、海珠、天河）；②集群B：（白云）；③集群C：（黄埔）；④集群D：（番禺）；⑤集群E：（花都、南沙、增城、从化）；

（2）非关系型数据库服务器采用5台大型虚拟机（8核、主频≥2.0GHz vCPU、32GB内存、100GB存储空间）加分布式外部存储的方式部署；

（3）GIS群服务器群采用8台大型虚拟机（8核、主频≥2.0GHz vCPU、32GB内存、100GB存储空间）加外部FC-SAN存储部署，由于数据量大，瓦片数据多，为提升访问速度，采用2台前端代理角色，6台高负载数据库服务器用于瓦片数据存储的方式，利用负载均衡做到瓦片级负载均衡形式；

（4）影像、电子地图数据；

（5）主要来源于"多规合一"管理平台，为了提高性能，建议可以专门为CIM平台单独部署一个"多规合一"管理平台的节点，供CIM平台调用数据服务。

3. 数据更新管理

平台数据主要通过两种方式获得，一种是接入其他平台/系统的数据服务，另一种是本次项目建设内容整理建设的数据，如倾斜摄影、BIM模型数据等。

（1）对于接入其他平台/系统的数据服务，由数据权属单位负责更新与版本管理。

（2）对于本次项目建设内容整理建设的数据，通过CIM基础平台的数据管理子系统进行更新和版本管理。其中倾斜摄影数据更新频率根据数据采集情况而定；BIM模型采用单体单栋逐步补充更新到CIM平台的方式，更新频率按项目报建、审查的实际进展而定。

其他更多关于数据更新管理的建设遵循一套标准体系中的动态更新规范与质量检查规范，保证数据前后的一致性以及更新中用户数据操作的正确性。

6.5　安全保障方案设计

6.5.1　对业务与数据灾难备份恢复的设计

本项目建设的应用系统在政务云提供备份方案的同时，提供一套完整的自体备份方案，包括平台数据库备份、平台应用备份等。

1. 应用层数据备份

应用层数据备份需要对平台正式环境中的相关程序和文件做定期备份和阶段备份，保证应用程序的可靠使用。应用层数据备份需准备独立的备份服务器和存储供使用，采用的备份策略如表6-8所示：

应用层数据备份策略　　　　　　　　　　　　　　表6-8

数据类型	备份方式	备份频率	保留期限
程序部署包	阶段备份	升级时	永久
档案数据	定期备份	每月全备	保留一个月
GIS切片数据	阶段备份	升级时	永久
运维端工具	定期备份	每月全备	保留一个月

（1）程序部署包备份

平台程序的部署包主要是Web服务器部署包，包括相关应用的jar包\war包等。

针对Web服务器部署包采用阶段备份的方式，在每次升级时进行文件的备份。部署包文件名采用包名+版本号+日期的方式命名，如"XXXX_1.0.0.0_20180220.jar"，升级时开发组对发布包在SVN上进行版本管理和备份，实施组按照子系统的分类将包拷贝至备份服务器的指定文件夹中。

（2）档案数据备份

平台档案数据主要是存储于FTP中的相关编制档案文件。

针对FTP的编制档案数据采用定期备份的方式，每月进行一次全量备份。在备份服务器中指定存储目录，建立镜像FTP，每月指定日期由备份人员进行一次FTP的全量拷贝镜像，并覆盖原备份FTP。

（3）运维端工具备份

运维端工具是指平台运维时使用的工具相关日志、文档的备份。

针对运维端工具采用定期备份的方式，每月进行一次全量备份。在备份服务器中指定存储目录，每月指定日期由备份人员进行一次运维端工具文件夹全量拷贝镜像，并覆盖原备份文件夹。

2．数据库备份

（1）备份规划

数据库在长期使用过程中，必然存在一定的安全隐患。应用系统的安全运行，需要建立一整套的数据库备份与恢复机制。若任何人为或自然灾难一旦出现，而导致数据库崩溃、物理介质损坏等，就可以及时恢复系统中重要的数据，不影响整个系统的运作。然而如果没有可靠的备份数据和恢复机制，就会导致系统瘫痪、工作停滞、经济损失等不堪设想的后果，因此需要对结构化数据如数据文件、日志、控制文件和非结构化数据如数据附件及应用程序进行备份。结构化数据备份逻辑结构如图6-6所示；非结构化数据备份逻辑结构如图6-7所示。

1）数据文件备份

本项目应用系统数据库服务器是7×24小时不间断服务，因此在每周内的特定时间点都需要设定备份点。一般选择在业务较少的时候，便于系统快速处理备份任务。备份任务由操作系统来调度，备份数据需存放在专门的存储设备内，在情况允许下可将数据备份到磁盘上。

2）日志、控制文件备份

由于日志和控制文件是数据库在恢复时不可缺少的组成数据，应当在做数据备份时进行同步日志和控制文件的备份。为了确保安全，日志和控制文件备份到与数

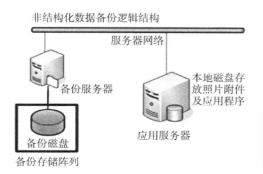

图6-6　结构化数据备份逻辑结构

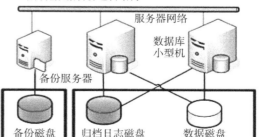

图6-7　非结构化数据备份逻辑结构

据备份不同的物理介质上。对于备份时间和备份调度，同样调度在系统闲时。由于日志和控制文件起到了增量恢复的作用，控制文件的备份点应当比数据文件的备份点多。由于控制文件小，不会占用系统资源，在重要的业务数据操作时间点之后紧接着进行备份。

3）附件数据、应用程序备份

本项目应用系统审批附件直接存放在典型应用框架服务器上，附件CAD/SHP数据需要同图形进行关联，备份本部分数据以防止信息丢失；对于Web程序升级需要备份前一版本的程序以防止升级失败，一旦升级失败可以通过备份数据进行回退。

4）备份设备

租用云平台的本地备份和同城备份设备，同时租用存储设备来存放采用备份软件进行备份的数据。

5）备份周期

针对不同的备份方式对备份周期进行规划，其中结构化数据备份以周为单位进行备份，备份数据保留周期为90天；非结构化数据备份周期为10天，对于特殊数据如附件数据进行永久保留，其他备份数据保留周期为1年。

（2）备份方案

1）备份对象

为了保证数据的安全性，备份对象包括：基础地图数据、规划数据、社会经济类数据、附件数据、Web程序等，其中数据的存在形式主要以数据库为主。

2）备份目的

使数据的失效次数减到最少，从而使相关系统保持最大的可用性；当数据库失效或出现其他问题后，使恢复时间减到最短，从而使恢复的效益达到最高；当系统数据库失效后，确保尽量少的数据丢失或根本不丢失，从而使数据具有最大的可恢复性；当系统重要附件及Web程序出现误删除或文件损坏时，丢失和损坏的数据可实现最大程度的恢复。

3）备份介质

从技术上考虑，数据备份介质主要有两种方式，一种是传统的磁带备份方式，另一种是近来兴起的磁盘备份方式，磁带、磁盘备份比较列表见表 6-9。两者分别都有各自的优缺点：

磁带备份的优点：磁带的成本较低，可以让用户以较低的成本存储多重备份或者版本；磁带是可移动的介质，可以作为远程灾难恢复备份用。缺点：恢复能力弱；备份质量不稳定。

磁盘备份的优点：备份速度较快，可以大大缩短备份时间；磁盘有阵列保护功能，即使磁盘损坏，也可以继续并成功地将数据恢复，质量稳定；磁盘在数据恢复方面，无论是可靠性还是执行速度都是上非常优秀的。缺点：磁盘的成本比较高。

磁带、磁盘备份比较列表　　　　　　　　　　　　表6-9

备份介质	磁带	磁盘
物理特性	线性记录介质，无论读写数据都需要顺序操作，涉及过多机械物理操作	随机记录介质，读写数据都可以随即进行，没有过多机械操作
可靠性	没有校验操作，可靠性较差，一般采用多次备份的方式来提高可靠性	可靠性较高，先进方案还通过软件方式提供高级别校验，但是不可避免存在"带电介质"本身固有的可靠性隐患
远程传输	需要通过卡车运输等传统方式进行，效率较低	可以通过快速的网络传输方式进行，效率高，但是费用同样较高
总体价格	当备份数据量非常大时，价格优势十分明显	备份数据时间短、数据量不大时价格较低，高压缩比的方案成本优势更加明显

4）备份策略

从备份策略来讲，备份可分为四种：完全备份、增量备份、差异备份、累加备份。下面来讨论以下这几种备份方式：

①完全备份就是拷贝给定计算机或文件系统上的所有文件，而不管它是否发生改变；

②增量备份就是只备份在上一次备份后增加、改动的部分数据，可分为多级，每一次增量都源自上一次备份后的改动部分；

③差异备份就是只备份在上一次完全备份后有变化的部分数据；

④累加备份采用数据库的管理方式，记录累积每个时间点的变化，并把变化后的值备份到相应的数组中，这种备份方式可恢复到指点的时间点。如果只存在两次备份，则增量备份和差异备份内容一样。一般在使用过程中，这三种策略常结合使用，常用的方法有：完全备份、完全备份加增量备份、完全备份加差异备份。

A．完全备份

完全备份会产生大量数据移动，完全备份定期直接把备份数据存放在高可靠性存储阵列上。完全备份可以保证数据的完整性，但同时需要大量磁盘空间存储备份数据。

B．完全备份加增量备份

完全备份加增量备份来自完全备份，减少了数据移动，同时减少了完全备份的次数。如在星期六晚上进行完全备份（此时对网络和系统的使用最小），其他6天（星期日到星期五）则进行增量备份。增量备份需要判断自前一天以来，哪些文件发生了变化，这些发生变化的文件将存储在当天的增量备份介质上。使用星期日到星期五的增量备份能保证只移动那些在最近24h内改变了的文件，而不是所有文件。由于只有较少的数据移动和存储，增量备份减少了对磁盘介质的需求。对用户来讲则可以在一个自动系统中应用更加集中的磁盘，以便允许多台服务器共享昂贵的资源。

在完全备份加增量备份方法下，完整的恢复过程首先需要恢复上星期六晚的完全备份，然后再覆盖自完全备份以来每天的增量备份。该过程最坏的情况是要设置7个磁带集（每天一个）。如果文件每天都改的话，需要恢复7次才能得到最新状态。

C. 完全备份加差异备份

增量备份考虑自前一天以来哪些文件发生变化，而差异方法考虑自完全备份以来哪些文件发生了变化，对于完全备份后立即备份的备份过程（上例中星期六），因为完全备份发生在前一天，所以两种备份方式的结果是一样的，但到了星期一以后两种备份方式产生的数据量就不一样了：增量备份会备份24h内改变了的文件，差异备份会备份48h内改变了的文件；到了星期二，差异备份方法备份72h内改变了的文件。

尽管差异备份比增量备份移动和存储更多的数据，但恢复操作简单多了。在完全备份加差异备份方法下，完整的恢复过程首先恢复上星期六晚的完全备份，然后，差异方法不是覆盖每个增量备份，而是直接跳向最近的备份，覆盖积累的改变。

针对多规平台结构化数据如数据库数据，建议采用增量与累积相结合的备份方式，同时配合逻辑备份，具体备份注意内容如下：

①备份前数据库必须启用归档模式；

②备份保留策略原则，保留90天的备份数据，超过90天的备份数据会被标记为废弃，可人工删除这部分废弃的备份数据；

③每周的星期日凌晨执行0级增量备份（0级增量备份为全备份）；

④每周的星期一和星期二凌晨执行差异增量备份，备份上一次更高级别备份或同级别备份以来所有变化的数据块；

⑤每周的星期三凌晨执行累积增量备份，备份自上次更高级别备份以来所有变化的数据块（即上周星期日到星期三的数据）；

⑥每周的星期四、星期五和星期六凌晨执行差异增量备份；

⑦备份配置专用通道将数据备份到网省备份专用空间，同时结合容灾项目将备份数据传输到容灾中心，具体实施方案参见容灾项目；

⑧每周一凌晨进行逻辑备份，通过exp导出数据库用户数据，备份完成后将数

据保存在网省备份专用空间。

针对多规平台非结构化数据如附件照片及应用程序，建议采用全量备份，具体备份注意内容如下：

①对于附件照片采用全量备份模式，每10天进行一次全量备份，下一备份点数据覆盖前一备份点的所有数据；

②备份配置专用通道将数据备份到网省备份专用空间，同时结合容灾项目将备份数据传输到容灾中心，具体实施方案参见容灾项目；

③程序升级更新前需要对前一版本的数据进行全量备份，可将旧程序保留在应用服务器上，备份数据需要保留一年。

3. 数据恢复

由于计算机故障（硬件故障、软件故障、网络故障、数据库故障、进程故障和系统故障）影响数据库中数据的正确性，甚至破坏数据库，导致数据库中数据全部或部分丢失。因此当发生上述故障后，根据备份数据恢复数据库。恢复过程大致可以分为复原与恢复过程。数据库恢复可以分为以下两类：

（1）实例故障的一致性恢复

实例意外地（如掉电、后台进程故障等）或预料地（发出"SHUTDOUM ABORT"语句）中止时出现实例故障，此时需要实例恢复。实例恢复将数据库恢复到故障之前的事务一致状态。如果在在线后备发现实例故障，则需介质恢复。在其他情况在下次数据库启动时（对新实例装配和打开），自动地执行实例恢复。如果需要，从装配状态变为打开状态，自动地激发实例恢复，进行下列处理：

1）为了解恢复数据文件中没有记录的数据，进行向前滚。该数据记录在在线日志，包括对回滚段的内容恢复；

2）回滚未提交的事务，重新生成回滚段所指定的操作；

3）释放在故障发生时正在处理事务所持有的资源；

4）解决在故障发生时正在经历该阶段提交的任何悬而未决的分布事务问题；

（2）介质故障或文件错误的不一致恢复

介质故障是当某个文件或其一部分，或磁盘不能读、不能写时出现的故障。

文件错误一般指意外的错误导致文件被删除或意外事故导致文件的不一致。这种状态下的数据库都是不一致的，需要手工来进行数据库的恢复，恢复形式有两种，决定于数据库运行的归档方式和备份方式。

1）完全介质恢复可恢复全部丢失的修改。一般情况下需要有数据库的备份且数据库运行在归档状态下，并且有可用归档日志时才可能实现，通过全备数据恢复到数据库的某一时间点，配合这一时间点后进行的增量备份及差异备份的备份集恢复到最近一个备份点完成备份。对于不同类型的错误，有不同类型的完全恢复可使用，其决定于毁坏文件和数据库的可用性。

2）不完全介质恢复是指在完全介质恢复不可能或不要求时进行的介质恢复。重构受损的数据库，使其恢复介质故障前或用户出错之前的一个事务一致性状态。不完全介质恢复有不同类型的使用场景，决定于需要不完全介质恢复的情况，有基于撤销、基于时间和基于修改的不完全恢复：

①基于撤销（CANCEL）的恢复，在某种情况，不完全介质恢复必须被控制，可撤销在指定点的操作。基于撤销的恢复地在一个或多个日志组（在线的或归档的）已被介质故障所破坏，不能用于恢复过程时使用，所以介质恢复必须控制，以致在使用最近的、未损的日志组于数据文件后中止恢复操作；

②基于时间（TIME）和基于修改（SCN）的恢复，如果希望恢复到过去的某个指定点，是一种理想的不完全介质恢复，一般发生在恢复到某个特定操作之前，恢复到如意外删除某个数据表之前。

4．灾难恢复措施

灾难恢复措施在整个备份制度中占有相当重要的地位。因为它关系到系统在经历灾难后能否迅速恢复。灾难恢复措施包括：灾难预防制度、灾难演习制度及灾难恢复。

（1）灾难预防制度

为了预防灾难的发生，需要做灾难恢复备份。灾难恢复备份与一般数据备份不同的地方在于，它会自动备份系统的重要信息。在Windows操作系统下，灾难恢复备份要备份必要的Windows启动文件、注册表文件的关键数据、操作系统的关键设置等，利用这些信息才能快速恢复系统。

关于灾难预防制度，通常应该考虑：灾难恢复备份应是完全备份；在系统发生重大变化后，建议重新生成灾难恢复盘，并进行灾难恢复备份，如安装了新的数据库系统，或安装了新硬件等。

（2）灾难演习制度

要保证灾难恢复的可靠性，只进行备份是不够的，还要进行灾难演练。每过一段时间，应进行一次灾难演习。可以利用淘汰的机器或多余的硬盘进行灾难模拟，以熟练灾难恢复的操作过程，并检验所生成的灾难恢复软盘和灾难恢复备份是否可靠。

（3）灾难恢复

灾难恢复的步骤非常简单：准备好最近一次的灾难恢复盘和灾难恢复备份磁带，连接好磁带机，装入磁带，插入恢复软盘，打开计算机电源，灾难恢复过程就开始了。根据系统提示进行相关操作，就可以将系统恢复到进行灾难恢复备份时的状态。再利用其他备份数据，就可以将服务器和其他计算机恢复到最近的状态。

6.5.2 信息安全监控、预警和应急处置设计方案

广州市住房和城乡建设局目前已经制定《广州市住房和城乡建设局信息安全事件总体应急预案》《广州市住房和城乡建设局门户网站遭受篡改应急预案》《广州市住房和城乡建设局病毒爆发应急预案》《广州市住房和城乡建设局关键业务系统连续性应急预案》《广州市住房和城乡建设局核心网络切换应急预案》《广州市住房和城乡建设局自建互联网出口深信服防火墙故障应急预案》等应急预案，本项目的信息安全监控、预警和应急处置是在以上预案的基础上开展相应的工作。

1. 总则

（1）目的

为科学应对平台突发事件，建立健全信息平台的应急响应机制，有效预防、及时控制和最大限度地消除各类突发事件的危害和影响，制订本应急预案。

（2）工作原则

1）统一领导

遇到重大异常情况，应及时向有关领导报告，以便于统一调度、减少损失。

2）综合协调

明确综合协调的职能机构和人员，做到职能间的相互衔接。

3）重点突出

应急处理的重点放在运行着重要业务的系统或可能导致严重事故后果的关键信息系统上。

4）及时反应，积极应对

出现信息系统故障时，信息系统维护人员应及时发现、及时报告、及时抢修、及时控制，积极对信息系统突发事件进行防范、监测、预警、报告、响应。

5）快速恢复

信息系统管理人员在坚持快速恢复系统的原则下，根据职责分工，加强团结协作，必要情况下与设备供应商以及系统集成商共同谋求问题的快速解决。

6）防范为主，加强监控

经常性地做好应对信息系统突发事件的思想准备、预案准备、机制准备和工作准备，提高基础设备和重要信息系统的综合保障水平。加强对信息系统应用的日常监视，及时发现信息系统突发性事件并采取有效措施，迅速控制事件影响范围，力争将损失程度降到最低。

（3）应急处理工作组机构及职责

在信息系统事件的处理中，一个组织良好、职责明确、科学管理的应急队伍是成功的关键。组织机构的成立对于事件的响应、决策、恢复及防止类似事件的发生都具有重要意义。

结合平台的实际情况，将有关应急人员的角色和职责进行了明确的划分。

1）应急处理领导小组

及时掌握信息系统故障事件的发展动态，向上级部门报告事件动态；对有关事项做出重大决策；启动应急预案；组织和调度必要的人、财、物等资源。

2）应急处理工作小组

负责定期了解外部支持人员的变动情况，及时更新其技术人员及联系方式等信息；快速响应信息系统发现的故障事件、业务部门对信息系统故障的申告；执行信息系统故障的诊断、排查和恢复操作；定期通过设备监控软件、系统运行报告等工具对信息系统的使用情况进行分析，尽早发现信息系统的异常状况，排除信息系统的隐患。

3）外部支持人员

包括网络运营商、设备供应商以及系统集成商。负责事先提供紧急情况下的应急技术方案和应急技术支援体系；积极配合信息中心应急人员进行故障处理。

（4）信息安全监控

对本项目的网络设备、安全设备、业务系统、服务器等采集各种安全信息、日志信息、运行状况、网络流量信息、用户行为信息等，然后对这些数据进行格式标准化、分类，经过基于统计、资产、规则的关联分析后，科学合理定义安全事件的性质和处理级别，以便进行相应的预警及应急处理。

2．预警和预防机制

（1）信息系统监测及报告

1）信息系统的日常管理和维护

信息系统的日常管理和维护应加强信息系统应用的监测、分析和预警工作。

2）建立信息系统故障事故报告制度

发生信息系统故障时，值班人员应当立即向应急处理领导小组报告，并及时进行故障处理、调查核实，并保存相关证据等。

（2）预警

在接到突发事件报告后，应当经初步核实之后，将有关情况及时向应急处理领导小组报告，进一步进行情况综合，研究分析可能造成损害的程度，提出初步行动对策。由上级领导视情况紧急程度召集协调会，决策行动方案，发布指示和实施命令等。

（3）预防机制

业务信息系统充分考虑抗毁性与灾难恢复，制定并不断完善应急处理预案。针对基础信息系统的突发性、大规模异常事件，各相关部门建立制度化、程序化的处理流程。

3. 应急处理程序

（1）突发事件分类分级的说明

根据突发事件的发生原因、性质和机理，突发事件主要分为以下三类：

1）攻击类事件：是指信息系统因计算机病毒感染、非法入侵等导致业务中断、系统宕机、信息系统瘫痪等情况。

2）故障类事件：是指信息系统因计算机软硬件故障、停电、人为误操作等导致业务中断、系统宕机、信息系统瘫痪等情况。

3）灾害类事件：是指因爆炸、火灾、雷击、地震、台风等外力因素导致信息系统损毁，造成业务中断、系统宕机、信息系统瘫痪等情况。

按照突发事件的性质、严重程度、可控性和影响范围，将其分为一般故障、严重故障、重大故障、特级故障四级。

1）一般故障：信息系统中单个系统故障，但未影响业务系统运行，也未造成社会影响或经济损失的突发事件。

2）严重故障：信息系统故障导致业务中断，可能造成较大业务影响或较大经济损失的突发事件。

3）重大故障：信息系统故障引起业务系统长时间中断，可能造成重大社会影响和巨大经济损失的突发事件。

4）特级故障：特指发生不可预见的灾难性事故，如火灾、水灾和地震等。

（2）信息系统应急预案启动

根据上述故障分级，当信息系统事件的要素满足启动应急预案条件时，进入相应的应急启动流程。

1）应急处理工作小组从业务人员或值班人员的故障申告、信息系统监控报告的故障告警中得知信息系统异常事件后，应在第一时间赶赴信息系统故障现场。

2）应急处理工作小组针对信息系统事件做出初步的分析判断。若原因是电源接触不好、物理连线松动或者能在最短时间内自行解决的信息系统问题，及时按照有关操作规程进行故障处理，并报领导小组备案；否则，应急处理工作小组将故障大致定性为设备故障、线路故障、软件故障等故障之一，及时告知领导小组和受影响的相关部门，并采取措施避免事件影响范围的扩大。

3）应急处理工作小组向领导小组报告，在得到领导小组的授权后启动相应的应急预案。针对灾难事件和影响重要业务运行的重大事件，还要及时向上级机关进行报告。

4）应急处理工作小组根据故障类型及时与外部支持人员取得联系。其中，设备故障的，可与设备供应商和集成商联系；软件故障的，可与系统集成商联系，由系统集成商进行现场或远程技术支持；线路故障的，可与网络运营商联系，三方密切协作力求通信线路在短时间内恢复正常。

5）应急处理工作小组在上级机构或外部支持人员的配合下，充分利用应急预案的资源准备，采取有力措施进行故障处理，及时恢复信息系统的正常工作状态。

6）应急处理工作小组通知业务部门信息系统恢复正常，并向领导小组报告故障处理的基本情况。重大事件形成文字资料，以书面形式向上级报告。

7）总结整个处理过程中出现的问题，并及时改进应急预案。

（3）现场应急处理

1）如遇到预知外界因素（如定时、定点停电）影响业务信息系统系统的正常运行，将根据有关部门的通知，提前安排技术人员到实地关闭信息系统设备并进行现场维护，直至外界因素消除。

2）如遇到不可抗力因素（如火灾）造成的信息系统故障时，接到通知的值班人员要快速到达现场，果断切断相关设备配电柜的电源，积极参与消除不可抗力因素，并及时将情况上报应急处理工作小组领导。

3）如遇到一般故障、严重故障和重大故障，影响信息系统的正常运行，值班人员要迅速、及时赶到现场，进行相应突发事件的应急处理。

4. 保障措施

（1）应急演练

为提高信息系统突发事件应急响应水平，应定期或不定期组织应急预案演练；检验应急预案各环节之间的通信、协调、指挥等是否符合快速、高效的要求。通过演习，进一步明确应急响应各岗位责任，对预案中存在的问题和不足及时补充、完善。

（2）人员培训

为确保本应急预案有效运行，应定期或不定期地举办不同层次、不同类型的技术讲座或研讨会，以便不同岗位的应急人员能全面熟悉并熟练掌握突发事件的应急处理知识和技能。

（3）硬件资源保障

为了在信息系统设备发生故障时能够尽量降低业务系统的受影响程度，须为相应的核心业务信息系统提供必要的备份设备与线缆等硬件资源，并且配备与现有设备兼容的设备，确保相似或兼容的设备可以在应急情况下调配使用。这些备份设备需预先采购并保存在专门位置。

（4）文档资料准备

包括信息系统工程文档、维护手册、操作手册、设备配置参数、拓扑图以及IP地址规范及分布情况等。

（5）技术支持保障

建立预警与应急处理的技术平台，进一步提高信息系统突发事件的发现和分析能力，从技术上逐步实现发现、预警、处理、通报等多个环节和不同的业务信息系统以及相关部门之间应急处理的联动机制。

（6）公众信息交流

在应急预案修订、演练的前后期，应利用各种信息渠道进行宣传，并不定期地开展各种活动，宣传信息系统等突发事件的应急处理规程及其预防措施等应急常识。

5. 分类突发事件应急处理措施

（1）黑客攻击时的紧急处置措施

1）当有关值班人员发现业务系统或网站内容被篡改，或通过入侵监测系统发现有黑客正在进行攻击时，应立即向信息系统管理技术人员通报情况；

2）信息系统管理技术人员应在30min内响应，并首先将被攻击的服务器等设备从信息系统中隔离出来，保护现场，并同时向应急处理工作小组领导上报情况；

3）信息系统管理技术人员负责被攻击或破坏系统的恢复与重建工作；

4）信息系统管理技术人员会同相关支持人员追查非法信息来源；

5）信息系统管理技术人员组织相关支持人员会商后，向应急处理工作小组组长汇报有关情况；

6）应急处理工作小组组长如认为情况严重，应立即向应急处理领导小组组长汇报；

7）应急处理领导小组组长组织应急处理领导小组召开会议，如认为事态严重，则立即向公安部门或上级机关报警。

（2）病毒安全紧急处置措施

1）当发现有计算机被感染上病毒后，应立即向信息系统管理技术人员报告，将该机从信息系统中隔离出来；

2）信息系统管理技术人员在接到通知后，应在三十分钟内响应；

3）对该设备的硬盘进行数据备份。用反病毒软件对该机进行杀毒处理，同时通过病毒检测软件对其他机器进行病毒扫描和清除工作；

4）如果现行反病毒软件无法清除该病毒，应立即向应急处理工作小组组长报告，并迅速联系有关产品商研究解决；

5）应急处理工作小组经会商后，认为情况严重的，应立即向应急处理领导小组组长汇报；

6）应急处理领导小组经会商后，认为情况极为严重的，应立即向公安部门或上级机关报告；

7）如果感染病毒的设备是中心服务器系统，经领导小组同意，应立即告知各相关部门做好相应的清查工作。

（3）软件系统遭破坏性攻击的紧急处置措施

1）重要的业务系统必须存有备份，与业务系统相对应的数据必须有多日的备份，并将其保存在安全处；

2）一旦信息系统遭到破坏性攻击，应立即向信息系统管理技术人员、业务系统技术人员报告，并将该系统停止运行；

3）信息系统管理技术人员检查日志等资料，确定攻击来源；

4）由业务系统技术人员向应急处理工作小组组长汇报；

5）应急处理工作小组组长认为情况严重的，应立即向应急处理领导小组汇报；

6）应急处理领导小组认为情况极为严重的，应立即向公安部门或上级机关报告。

（4）设备安全紧急处置措施

服务器、存储设备等关键设备损坏后，值班人员应立即向信息系统管理技术人员报告。

1）信息系统管理技术人员立即查明原因；

2）如果能够自行恢复，应立即用备件替换受损部件；

3）如属不能自行恢复的，立即与设备供应商联系，请求派维护人员前来维修；

4）如果设备一时不能修复，应向处理工作小组组长汇报，并告之相关部门，暂缓使用受影响的业务系统。

（5）关键人员不在岗的紧急处置措施

1）对于关键岗位平时应做好人员储备，确保一项工作至少有两人能够完成操作；

2）一旦发生关键人员不在岗的情况，第一时间向应急处理工作小组组长汇报情况；

3）经应急处理工作小组组长批准后，由备用人员上岗操作；

4）如果备用人员无法上岗，请求上级单位或外部支持技术人员支援。

6. 附则

（1）本预案所称突发事件，是指由于自然灾害、设备软硬件故障、内部人为失误或破坏等原因，信息系统的正常运行受到严重影响，出现业务中断、系统破坏、数据破坏等现象，造成不良影响以及造成一定程度直接或间接经济损失的事件；

（2）本预案通过演习、实践检验，以及根据应急力量变更、新技术、新资源的应用和应急事件发展趋势，及时进行修订和完善，所附成员、联系方式等发生变化时也随时修订。

6.5.3 安全管理方案

信息系统的安全，是指为信息系统建立和采取的技术和管理的安全保护，保护计算机硬件、软件和数据不因偶然和恶意的原因而遭到破坏、更改和泄漏，以保证系统连续正常运行。信息系统的安全方案是为发布、管理和保护敏感的信息资源而制定的法律、法规和措施的总和，是对信息资源使用、管理规则的正式描述，是所有人员都必须遵守的规则。信息系统受到的安全威胁有：操作系统的不安全性、防火墙的不安全性、来自内部人员的安全威胁、缺乏有效的监督机制和评估网络系统的安全性手段、系统不能对病毒有效控制等。

系统的安全依托于市住房城乡建设局现有的网络安全架构，本平台的安全依托于租用设备提供商现有的网络安全架构，采取以下管理措施尽可能减少安全隐患所带来的损害。

1. 安全管理机构

（1）信息安全工作组

增强的用户授权机制：由于在这种安全体系中，应用系统成为隔离用户和数据库的防火墙，其本身就必须具有相当的安全特性。尤其是用户授权管理机制，将直接影响整个系统的安全。

基于此，我们从功能出发将整个系统细分为若干个可分配的最小权限单元，这些权限具体表现在对数据库中所涉及的表、视图的数据操作（DML：插入修改删除、查询等）的划分上。然后再运用角色或工作组的概念，结合各种系统使用人员的工作性质，为系统创建了4类基本等级：系统管理员、高级操作员、一般操作员及简单操作员，并相应地为每个等级赋予了不同的权限，以此来简化权限管理工作。此外，为了增加系统安全管理的灵活性，授权管理模块还可以对属于某一等级用户的权限作进一步限制，达到所有权限均可任意组合的效果。

同时，为了进一步提高系统管理员的工作效率，系统为每种等级的用户所对应的默认权限组合都建立了数据字典，以便在不同的应用环境下，管理员都能方便地增加或改变某种等难的默认权限。此外，为了能暂时封锁某一账号的使用，安全系统还提供了账号冻结及解冻的功能。

通过这种方式，在统一管理之下，又具有相应的灵活性，有助于系统管理员更为方便、更为严密地保证整个系统的安全。

（2）应急处理工作组

参照应急处理工作组机构及职责。

2. 安全管理制度

在制定安全策略的同时，要制定相关的信息与网络安全的技术标准与管理规范。技术标准着重从技术方面规定与规范实现安全策略的技术、机制与安全产品的功能指标要求。管理规范从政策组织、人力与流程方面对安全策略的实施进行规划。这些标准与规范是安全策略的技术保障与管理基础，没有一定政策法规制度保障的安全策略如同一堆废纸。

要备好国家有关法规，如：《中华人民共和国计算机信息系统安全保护条例》《中华人民共和国计算机信息网络国际联网管理暂行规定》《计算机信息网络国际联网安全保护管理办法》《计算机信息系统安全专用产品检测和销售许可证管理办法》《中华人民共和国计算机信息网络国际联网管理暂行规定实施办法》《商用密码管理条例》等，做到有据可查。同时要制定信息系统及其环境安全管理的规则，规则应包含下列内容：

（1）岗位职责：包括门卫在内的值班制度与职责，管理人员和工程技术人员的职责；

（2）信息系统的使用规则：包括各用户的使用权限，建立与维护完整的网络用户数据库，严格对系统日志进行管理，对公共机房实行精确到人和机位的登记制度，实现对网络客户、IP地址、MAC地址、服务账号的精确管理：

1）软件管理制度；

2）机房设备（包括电源、空调）管理制度；

3）网络运行管理制度；

4）硬件维护制度；

5）软件维护制度；

6）定期安全检查与教育制度；

7）下属单位入网行为规范和安全协议。

3. 系统建设过程安全管理

（1）物理安全：对所有采购或租用的硬件设备都要认真核实其真伪，并做好设置信息管理，保存其技术文档，记录设备生产厂家，一旦发生事故或不利情况出现，能及时联系设备厂家或专家协调解决。

（2）网络安全：平台所使用网络架构、物理通路、网络设备等都做好记录并保管好技术文档。

（3）代码安全：对此平台的代码进行认真核实，防止平台存在后门或不安全的代码。

4. 系统运行安全管理

日志能记录任何非法操作，然而要真正使系统从灾难中恢复出来，还需要一套完善的备份方案及恢复机制。为了防止存储设备的异常损坏，本项目中采用了由可热插拔的硬盘所组成的磁盘容错阵列，并对系统实时热备份。

为了防止人为的失误或破坏，本系统中建立了强大的数据库触发器以备份重要数据的删除操作，甚至更新任务。保证在任何情况上，重要数据均能实现最大程度的有效恢复。具体而言，对于删除操作，作者将被操作的记录全部存贮在备份库中。而对于更新操作，考虑到信息量过于庞大，仅仅备份了所执行的SQL语句，既能查看到备份内容，又能相当程度地减小备份库存贮容量。而在需要跟踪追溯数据丢失或破坏事件的全部信息时，则将系统日志与备份数据有机地结合在一起，真正实现系统安全性。

5. 安全实施过程管理

在系统定级、规划设计、实施过程中，对工程的质量、进度、文档和变更等方面的工作进行监督控制和科学管理。包括以下内容：

（1）质量管理

质量管理首先要控制系统建设的质量，保证系统建设始终处于等级保护制度所要求的框架内进行。同时，还要保证用于创建系统的过程的质量。在系统建设的过程中，要建立一个不断测试和改进质量的过程。在整个系统的生命周期中，通过测量、分析和修正活动，保证所完成目标和过程的质量。

（2）风险管理

为了识别、评估和降低风险，以保证系统工程活动和全部技术工作项目都能成功实施，在整个系统建设过程中，风险管理要贯穿始终。

（3）变更管理

在系统建设的过程中，由于各种条件的变化，会导致变更的出现，可发生在工程的范围、进度、质量、费用、人力资源、沟通、合同等多方面。每一次的变更处理，必须遵循同样的程序，即相同的文字报告、相同的管理办法、相同的监控过程。必须确定每一次变更对系统成本、进度、风险和技术要求的影响，一旦批准变更，必须设定一个程序来执行变更。

（4）进度管理

系统建设的实施必须要有一组明确的可交付成果，同时也要求有结束的日期。因此在建设系统的过程中，必须制订项目进度计划，绘制网络图，将系统分解为不同的子任务，并进行时间控制确保项目的如期完成。

（5）文档管理

文档是记录项目整个过程的书面资料，在系统建设的过程中，每个环节都有大量的文档输出，文档管理涉及系统建设的各个环节，主要包括：系统定级、规划设计、方案设计、安全实施、系统验收、人员培训等方面。

活动输出：各阶段管理过程文档。

6．安全培训

对安全管理来说，提高全体人员的网络安全意识是一个比较重要的内容。安全培训正是提高网络使用人员安全技能，增强其安全意识的有效手段。

对相关人员进行信息安全培训的内容主要包括：

（1）信息安全意识培训

通过整个系统范围内的安全知识普及教育，对提高网络使用人员的安全防范能力及意识有较为明显的作用，既能增进网络使用人员对安全的了解，也为网络的安全改进提供了参考依据。通过这种方式，能够更好地促进系统内用户整体上的提高，从而更好地保障系统安全。

培训内容包括：信息资源的敏感性、信息安全的重要性和严重性、安全责任、信息安全管理奖惩制度等。

（2）信息安全技术培训

安全管理、安全实施及维护人员，需要具备较为深入的分析网络安全技术和技能，应从设计、实现等具体方面进行培训，以有效提高技术人员的安全技能。培训内容包括：安全知识、安全技术、安全标准以及相关安全设备的原理和使用。

（3）信息安全管理培训

明确安全要求、安全管理制度、安全管理人员的职责及范围等。

7．定期应急演练方案

应急演练是为了建立健全网络与信息安全运行应急工作机制，检验网络与信息安全综合应急预案和业务技术专项应急预案的有效性，验证相关组织和人员应对网络和信息安全突发事件的组织指挥能力和应急处置能力，保证各项应急指挥调度工作迅速、高效、有序地进行，满足突发情况下网络与信息系统运行保障和故障恢复的需要，确保信息系统安全畅通。同时通过演练，不断提高各部门开展应急工作的水平和效率，发现预案中存在的不足，进一步完善应急预案。

本项目的定期应急演练包括：

（1）黑客攻击服务器应急演练

演练步骤：

1）模拟黑客攻击服务器行为。

2）应急处理工作小组接收警情通知。

3）远程断开受攻击服务器，应急处理工作小组赶到现场，配合云平台管理人员将被攻击的服务器等设备从网络中隔离出来，保护现场。

4）判断事态严重性，严重级别高，向应急处理领导小组请示后，向公安部门报警，配合公安部门展开调查。

5）发布对内和对外的公告通知。

6）应急处理工作小组做好被攻击或破坏系统的恢复与重建工作。

7）应急处理工作小组负责组织技术力量追查非法信息来源。

8）模拟故障消除，应急处理领导小组宣布结束应急演练，进行总结报告。

（2）大规模病毒（含恶意软件）攻击应急演练

演练步骤：

1）计算机被感染上病毒，计算机使用人员使用杀毒软件对计算机杀毒，并通知应急处理工作小组。

2）应急处理工作小组远程将该机从网络上断开，并赶到现场。

3）应急处理工作小组对该设备的硬盘进行数据备份。

4）应急处理工作小组远程断开受攻击服务器，并赶到现场，配合云平台管理人员将被攻击的服务器等设备从网络中隔离出来，保护现场。

5）应急处理工作小组配合云平台管理人员启用病毒软件对该机进行杀毒处理，并对相关机器进行病毒扫描和消除工作。

6）情况较为严重的，向应急处理领导小组报告，并向公安部门报警，配合公安部门展开调查。

7）模拟故障消除，应急处理工作小组及计算机使用人员进行总结报告。

（3）数据库系统故障的应急演练

演练步骤：

1）备份保存数据库系统及其数据，并将它们保存于安全处。

2）模拟数据库系统发生故障，应急处理工作小组立即向领导小组汇报，经同意后采取重启方式恢复数据库。

3）重启失败，数据库系统故障依然存在。

4）应急处理工作小组做好数据库系统切换和有关数据的恢复工作。

5）应急处理工作小组检查日志等资料，确定故障原因。

6）故障排除解决，数据库系统恢复正常。

7）应急处理工作小组会同相关人员将实施处理的过程和结果备案存档，并向应急处理领导小组汇报。

6.5.4 信息安全设备选型

根据云平台具备的安全服务结合三级等保的要求，平台计划租用虚拟防火墙2项（一主一备方式部署）、应用防火墙2项（一主一备方式部署）、Web防篡改服务10项（针对每一台Web云主机）及漏洞扫描服务1项，33项主机防病毒服务（每台云主机均配置主机防病毒服务）配合先允许后拒绝的严谨安全访问规则确保平台的网络安全。

数据备份采用本地备份与同城备份相结合的形式，根据数据规模并确保两套不同时间点的数据全副本的容量，并预留部分增量数据空间，因此本地与同城备份容量本次均定为70TB。

6.5.5 信息安全建设内容

系统涉及大量的基础地理数据、倾斜摄影数据、BIM模型数据和产生的业务审批数据，这些数据都具有一定的保密性，这些信息的公开与发布只有在一定条件下才能被知晓。业务系统主要关注的安全风险有以下几方面。

1. 基础设施安全

本项目安全基础设施由广州市政府信息化云服务平台负责提供保障，包括数据库安全、网络安全、应用系统运行环境安全和容灾备份。

本项目广州市政府信息化云服务平台按照等级保护三级的基本要求进行规划和设计。弹性计算ECS、关系数据库RDS、存储服务OSS、负载均衡服务SLB等虚拟设备的安全由云平台自身安全机制保障，确保不会出现虚拟设备丢失的情况；网络传输的安全由电子政务网自身安全机制保障，确保网络传输品质；数据容灾备份由云平台分布式存储机制保障，确保每份数据都有三个备份。

2. 信息系统安全

信息系统安全可以由两个方面来概括，即管理手段和技术手段。从技术方面，针对项目实际需求，从以下几个方面，以不同的角度来保证应用系统的安全，彼此独立又相互协同，可以使信息系统平台具有全方位的，强大的安全服务。

（1）信息传输安全

在信息传输安全上，关键安全数据信息均采用安全套接字层（SSL）的对传输数据的加密。用户在登录系统时通过调用数字认证接口，服务端和客户端使用数字证书进行握手认证，建立128位加密的SSL数据通道。由客户端控件对网络传输的数据进行对称加密或者签名后再进行加密传输，当后台的业务系统接收到用户的发送数据时，使用128位对称密钥对数据进行解密，获得发送的明文数据，从而保证数据在互联网络传输时的安全性。

同时为了在线提交、在线传输材料的安全性，文件传输控件将材料在传输过程中，材料文件不是一次上传，是将数据文件划分为小的数据块，每次向服务器上传约128kB的数据。同时在每次上传的数据中附带了文件大小、起始位置、文件MD5等信息。这样做同时保证了材料传输的安全性，即使数据在传输过程中被截获，其截获的数据不是完整的。

（2）应用访问安全

应用安全设计主要保障信息及其服务的保密性、完整性、可用性、真实性、可核查性和可靠性，本期项目建设基于云平台提供的配套的身份认证、角色管理和权限控制建立应用安全体系。

同时利用云平台的云盾进行安全防范，云盾针对网页漏洞、服务器端口进行极高准确率的检测，并及时通知提示用户系统所受到的安全威胁；在服务器、系统应用和网络层提供全方位的安全防护，从而提升服务器、应用的安全等级，降低安全威胁。解决应用层安全问题，包括Web服务器的攻击、网页挂马、篡改问题，敏感信息的泄露、病毒木马泛滥、漏洞攻击服务器被控制等问题。通过全面分析应用层的用户http请求数据（如URL、参数、链接、Cookie、请求行、头部信息、载荷等），区分正常用户访问Web应用和攻击者的恶意行为，对攻击行为进行实时阻断和报警，对所有用户请求数据进行检查。这些请求数据在被Web服务器软件和Web应用处理之前即进行了检查，确保将所有攻击行为拒之门外。

对指定用户、指定时间段内的整个登录、操作、退出的完整访问过程进行还原、查看和分析。对系统管理员的详细操作日志进行审计，确保系统管理员没有违法操作。

（3）数据安全

本期项目的数据安全，各相关部门负责各自提供共享数据，数据不能涉密。

保证各级领导及工作人员实现安全有效的身份认证。

统一制定身份编码规范，包括人员、单位、角色等，实现整个平台范围内用户标识的一致性，为支持全平台范围内的统一用户管理及信息同步共享奠定基础。

实现为所有用户分配适当权限，并有效地加以管理和控制。

实现多级授权管理，将管理员纳入基于角色的授权管理体系中，各级管理员依据其角色，严格限于管理所分配的对象（部门、人员、系统、角色），体现了最小化授权原则。

系统中实现提前预警和日常监视及日志记录管理。

在本期项目中，所涉及的数据、文件全部存储在服务器上，以更快的速度、准确且安全的方式读写磁盘数据，从而实现高效的数据读取速度和安全性。

系统中对数据库中数据采用加密方式将信息数据加密，对数据库存储的内容实施有效保护，实现了数据存储的保密和完整性要求，使得数据库以密文方式存储并在密态方式下工作，确保了数据安全。

通过备份、历史记录的保存或日志记录来保证数据安全，通过双击容错保证数据不丢失和系统不停机。

（4）系统登录安全

登录安全：为了保证信息的合法访问，授权管理系统对每个访问系统的用户采用强身份验证。

对于网站公众登录则实现高度安全的用户注册、登录，以及用户密码等信息的安全存储，实现密码无法破译的能力，保证用户注册、登录的安全。系统要提供验证码功能，加强对网站登录安全的控制。

对于指定用户、指定时间段内的整个登录、操作、退出的完整访问过程进行还原、查看和分析。对系统管理员的详细操作日志进行审计，确保系统管理员没有违法操作。

网站登录安全：通过系统所在服务器的安全控制机制，将系统所在目录的访问权分配给授权用户。

网站模块安全：设定每一模块的访问级别控制。访问级别有：读取、增加、编辑、删除、管理。对用户进行分组，并为每个组设定访问权限。如果一个用户同时属于两个组，则以较高访问权限为准。

会话期安全：如果用户在管理员设定时间内（15~60min）内没有任何操作，则自动注销该用户，其需要重新登录才可使用系统。多次密码输入错误，自动锁定账户。如果用户在浏览器中输入其无权访问的页面地址，则自动注销该用户。

在用户登录和信息传递过程中，对密码进行不可逆加密处理，有效保证系统及用户资料的安全。

系统可以全面防止SQL注入攻击、密码猜解、木马上传等各种恶意攻击手段；采用IP限定方式来确保安全的用户访问。

（5）用户信息保护能力

针对保护用户信息的要求提出了下面的保护措施：

1）来访身份鉴别

对系统的用户统一采用登录认证。

2）访问密码复杂度设置

对注册用户的用户名和密码的复杂度进行安全设置，用一些验证和限制方法来保证注册用户的账户安全。

3）登录失败处理

对注册用户登录门户主站发生的登录错误及时做出处理，保障用户信息安全。

4）验证码安全机制

用户在登录系统时，需要输入随机生成的验证码来做双重验证。

5）跨站脚本扫描

根据"所有用户输入都是危险的"这一原则，一方面对系统的代码进行整体检查，对存在用户输入的功能模块进行数据校验和危险字符过滤，从源头上阻隔跨站攻击的出现；另一方面软件自身带有危险字符过滤模块，再加上网站Web服务器上的安全模块功能的开启，完全可以实现对跨站攻击（Cross-site Scripting，XSS）的防御。

（6）网站系统后台管理入口安全保护能力

网站后台管理的安全主要包括两部分：一是利用电子政务公共云平台云盾后门检测服务，黑客入侵云服务器后会在系统内植入后门程序，再通过后门程序可持续控制服务器，盗取网站信息侵害用户隐私信息，通过云盾的定期检测及时发现后门程序，并以短信或邮件的方式实时通知用户，用户通过云盾及时删除后门消除隐患；二是利用网站后台自身安全设置进行保障，具体如下：

1）管理入口安全性检查

为系统提供稳定安全的网站后台管理入口设置，阻止攻击者以其他恶意方式进入后台管理界面，破坏门户网站数据，防止网站遭受攻击。

2）管理入口身份鉴别强度

管理界面用户名密码复杂程度设置；对后台系统管理员的用户名和密码的复杂度进行安全设置，用一些验证和限制方法来保证注册用户的信息安全。

3）管理界面登录失败快速处理

对后台系统管理员登录时发生的登录错误及时做出处理，保障用户账户和门户网站信息安全。

3. 信息安全保障

除了采用技术手段外，在管理上通过建立一整套的信息安全管理制度来实现整个系统平台信息安全保障，主要包括组织、服务和制度等内容。

6.6 标准规范体系设计

6.6.1 与BIM有关的标准规范

近年来BIM技术在建筑工程领域正快速普及推广，尤其是国家、地方政府相关政策的出台，更为BIM技术的广泛和深度应用创造了良好的发展环境。为规范行业发展，我国BIM标准陆续出台，涉及不同等级、领域，目前已经有2个国际标准/规范、5国家标准、7个行业或地方标准、1个团体标准，具体如下：

1. 国际标准/规范：

BIMForum_2019_LOD-Spec-Ptl_Commentary_PUBLIC-DRAFT-2018-NOV；

ISO19650-1-2018。

2. 国家标准

《建筑信息模型应用统一标准》GB/T 51212—2016；

《建筑信息模型分类和编码标准》GB/T 51269—2017；

《建筑信息模型施工应用标准》GB/T 51235—2017；

《建筑信息模型设计交付标准》GB/T 51301—2018；

《基础地理信息要素分类与代码》GB/T 13923—2006。

3. 行业或地方标准

《工程建设项目业务协同平台技术标准》CJJ/T 296—2019；

《地理信息公共服务平台 电子地图数据规范》CH/Z 9011—2011；

《广东省建筑信息模型应用统一标准》DBJ/T 15—142—2018；

《浙江省建筑信息模型（BIM）应用统一标准》DB33/T 1154—2018；

南京城市三维地理信息模型数据规范（试行）—2016；

上海市建筑信息模型技术应用指南（2017版）；

广州市建设工程BIM报批数据标准—2018。

4. 团体标准

《建筑信息模型（BIM）与物联网（IoT）技术应用规程》T/CSPSTC 21—2019。

6.6.2 与BIM数据交换有关的标准规范

IFC标准是国际通用的BIM标准，在横向上支持各应用系统之间的数据交换，在纵向上解决建筑物全生命周期（勘察、设计、施工到运营）的数据交换与共享问题。

IFC是Industry Foundation Classes（工业基础类）的缩写，由国际组织IAI（International Alliance for Interoperability，国际互用联盟）制定并维护。该组织目前已改

名为building SMART International（bSI）。所有宣布支持IFC标准并已经通过bSI组织认证程序的商业软件名单已经公布在该组织的官方网站上。

6.6.3　与CIM有关的标准规范设计

因为城市信息模型（CIM）在国内外都属于新生事物和前沿学科，所以业界目前还没有成熟的与CIM应用/交互相适应的政策和标准。

本项目将参考现有空间信息相关标准体系，结合城市信息模型（CIM）试点城市建设要求，编写如下与CIM有关的标准体系，并争取将"广州标准"提升为"国家标准"：

（1）CIM通用标准；

（2）CIM数据标准（术语、分级、分类、主要要素及编码等）；

（3）CIM数据共享交换标准；

（4）CIM平台技术规范；

（5）CIM建模与轻量化技术规范；

（6）BIM与CIM对接标准（规划报建BIM、施工审查BIM、竣工备案BIM）；

（7）CIM应用标准；

（8）CIM信息安全标准。

6.6.4　与空间数据交换有关的政策和标准

OGC全称是开放地理空间信息联盟（Open Geospatial Consortium），它制定了一系列的数据和服务标准，GIS厂商按照这个标准进行开发可保证空间数据的互联互通。

OGC和ISO/TC211共同推出了基于Web服务（XML）的空间数据相互操作，实现规范Web Map Service（WMS）、Web Feature Service（WFS）、Web Coverage Service（WCS）以及用于空间数据传输与转换的地理信息标记语言CityGML。

Web地图服务（WMS）利用具有地理空间位置信息的数据制作地图，将地图定义为地理数据可视的表现。Web地图服务返回的是图层级的地图影像。

Web矢量服务（WFS）返回的是矢量级的GML编码，并提供对矢量的增加、修改、删除等事务操作，是对Web地图服务的深入应用。

Web栅格服务（WCS）面向空间影像数据，它将包含地理位置值的地理空间数据作为"栅格（Coverage）"在网上相互交换。

以上三个规范既可以作为Web服务的空间数据服务规范，又可以实现空间数据的相互操作。

第7章 广州市CIM平台构建技术

7.1 技术路线

项目的技术路线围绕技术驱动（BIM及二维、三维多源异构数据融合）和业务需求（规设建管CIM应用）两条主线展开，总体技术路线如图7-1所示。

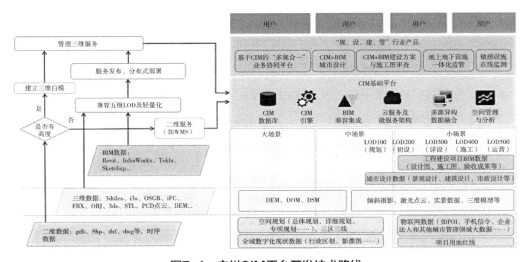

图7-1 广州CIM平台开发技术路线

在数据融合方面，CIM能对二维、三维数据、BIM数据高效管理、发布与可视化分析，其中的技术要点包括CIM高效三维引擎、兼容BIM五级LOD及轻量化、存量建筑自动识别建模，二维、三维服务一体化管理与分布式部署。

在业务需求方面，基于统一管理全域数字化现状、空间规划和地形DEM等，利用倾斜摄影、激光雷达、无人机航测等手段对存量建筑自动识别、快速建模入CIM数据库；研究CIM高效三维引擎、BIM兼容集成技术等，针对城市设计和工程建设项目涉及BIM数据能从不同LOD层级进行兼容集成，基于云服务及微服务架构研发CIM基础平台；在此基础上，研发基于CIM基础平台的工程建设项目三维数字报建，具体包括规划审查、建筑设计方案审查、施工图审查、竣工验收备案等行业业务产品，以满足工程项目设计、施工、竣工全程CIM/BIM可视化精细化管理的需求。

7.2 关键技术

7.2.1 二维、三维一体化CIM数据分级技术

CIM数据应无缝集成二维空间信息、三维模型等，实现二维、三维一体化，拟在遵循GB/T 35634和GB/T 51301标准的基础上，将电子地图瓦片数据分级从20级进行扩展，融合建筑信息模型4个层次分级，形成CIM数据二维、三维一体化的数据分级。

《公共服务电子地图瓦片数据规范》GB/T 35634—2017，根据显示比例尺将二维地理分为1~20级。《建筑信息模型设计交付标准》GB/T 51301—2018根据模型精细度将BIM分为4级，分别为：项目级BIM（LOD1.0）、功能级BIM（LOD2.0）、构件级BIM（LOD3.0）和零件级BIM（LOD4.0）。拟将电子地图瓦片数据分级从20级扩展至24级，21~24级CIM精细度（LOD）应与GB/T 51301中BIM精细度一致，可用项目级BIM、功能级BIM、构件级BIM和零件级BIM表达。

城市信息模型应采用金字塔式分级管理，随CIM级别的升高、比例尺增大，生成由粗到细不同分辨率的影像，金字塔的顶部图像分辨率最低、数据量最小，底部分辨率最高、数据量最大，形成一种数据金字塔的结构。

7.2.2 多维度CIM数据分类技术

借鉴《建筑信息模型分类和编码标准》GB/T 51269—2017建筑信息模型的分类（分类维度达15种），结合实际应用需求将CIM从多维度进行分类，包括要素、应用行业、数据采集、成果形式、时态、城市建设运营管理阶段和工程建设专业等，形成目前CIM1.0阶段支撑工程建设项目审批改革较为完整的信息分类体系。例如按要素分类，包括定位基础、水系、居民地及设施、交通、管线、境界与行政区、地形地貌、植被与土质、其他要素等；按行业分类，包括城乡建设、交通与物流、能源、水利、风景园林、自然资源等；按采集方式分类，包括遥感、航空摄影、测绘、勘察等；按成果形式分类，包括矢量、栅格、表面三维模型、实体三维模型、建筑信息模型、电子文档资料等；按时态分类，包括规划、现状与历史等；按城市建设运营管理阶段分类，包括立项用地规划阶段、工程建设许可阶段、施工许可阶段、竣工验收阶段等；按工程建设专业领域分类，包括勘测专业、规划专业、设计专业、建设专业等。

7.2.3 多源异构CIM数据建库与更新技术

针对包含GIS、BIM和IoT等多源异构的CIM数据，宜根据数据类型不同，采用不同的数据建库与更新技术。对于二维、三维空间数据，应采用开放式、标准化的

数据格式组织入库，为保证数据传输和可视化表达的高性能，三维模型应将二维、三维空间数据加工处理建立多层次LOD；为保证数据统计分析和模拟仿真的高性能，宜同时保存一套相应的实体数据，其中传统二维数据、三维模型数据可依据现行标准数据格式组织入库，BIM数据宜建立模型构件库，并保留构件参数化与结构信息，宜采用数据库方式存储。

CIM数据库可采用要素更新、专题更新、局部更新和整体更新等方式进行数据更新。几何数据和属性数据应同步更新，并应保持相互之间的关联，数据更新后应同步更新数据库索引及元数据。数据更新时，数据组织应符合原有数据分类编码和数据结构要求，应保证新旧数据之间的正确接边和要素之间的拓扑关系。

7.2.4　海量CIM数据交换共享技术

数据共享包括在线共享、前置交换和离线拷贝等方式，在线共享可提供浏览、查询、下载、订阅、在线服务调用等方式共享CIM数据，前置交换可通过前置机交换CIM数据，离线拷贝可通过移动介质拷贝共享数据。共享与交换频次包括实时共享，按需交换等。

根据CIM数据的类别不同提供不同的数据服务规格，服务规格一般有：网络地图服务（WMS）、基于缓存的网络地图服务（WMS-C）、网络瓦片地图服务（WMTS）、网络要素服务（WFS）、网络覆盖服务（WCS）、网络地名地址要素服务（WFS-G）、索引3D场景服务（I3S）、3DTiles服务或公开的数据格式进行格式转换。

7.2.5　LOD高效组织与轻量化渲染技术

在编制《CIM基础平台技术标准》时，需要将LOD高效组织与轻量化渲染技术的成果融入进来，如下是其技术路线。

三维模型原始数据具有几何精细、纹理精度高等特点，直接对数据应用存在数据加载缓慢、内存显存资源占用高、平台渲染压力大等问题。利用LOD技术、LOD层级数据生产技术，基于场景图的LOD组织管理技术，多任务、多机器、多进程、多线程并行的数据处理技术，解决了三维模型数据资源占用不可控和调度渲染效率低的问题。

LOD（细节层次模型）技术指根据物体模型的节点在显示环境中所处的位置和重要度，决定物体渲染的资源分配，降低非重要物体的面数和细节度，从而获得高效率的渲染运算。恰当地选择细节层次模型能在不损失图形细节的条件下加速场景的显示，提高系统的响应能力。Sigma产品通过采用LOD技术对数据进行处理，构建各个层级不同精度的数据，达到场景高效渲染数据的目的。

构建LOD的主要难点在于如何建立几何体的层次细节模型。Sigma产品利用倾斜摄影数据生产技术和三维模型简化技术对倾斜摄影数据和人工模型数据进行LOD数据生产，解决了建立几何体层次细节模型的难点。特有的模型生产和简化技术对三维模型数据当前显示距离中不需要表现的几何和纹理进行剔除和简化，简化后的数据在几何上可以很好地保持原有形态，在纹理上可以很好地保持原有纹理色彩，简化后数据几何格网数目显著减少、纹理精度满足当前视觉效果要求，层级数据相对原始数据数据量显著降低。

构建LOD的难点还包括不同层级细节的自然过渡，以及不同层级数据在场景中的分布。基于场景图的LOD组织管理技术很好地解决了此难点。场景图是用于组织场景信息的图或树结构，一个场景图中包含一个根结点、多个内部组织层级结点、多个叶子结点。场景图的各个层级都具备调度信息，调度信息决定了各个层级细节的过渡，也决定不同层级数据在场景中的分布。基于视点的LOD控制可以根据用户的视点参数来选择满足条件的不同层次细节，有效地控制不同层级细节的自然过渡，以及不同层级数据在场景中的分布。

具备多任务划分、多机器、多进程、多线程处理机制，保证数据处理过程批量、高效。多任务分解技术，把处理过程分解成任务图，任务图由多个独立或有依赖关系的任务构成，按照任务图结构进行任务的分解处理，任务单元粒度更小，处理的灵活性更高。为多机器并行处理提供基础；多机器、多进程机制下对分解的任务单元进行任务持续分配，单个任务下也可进行多线程处理。相关机制下能充分利用计算机的计算资源，提高处理效率。

三维场景中的几何体通常是由顶点组成的，但是要实现某个物体的真实显示却远没有这么简单。比如光照和材质，假设场景中不存在光照，那么用户看到的将是一个漆黑的箱子抑或不规则形体；假设物体不存在任何表面材质（环境色、散射色、镜面反射色等）的属性，那么结果也是一样的糟糕。比如纹理，也就是几何体上的表面贴图，使用纹理可以直观地告诉观察者，一个立方体物体是铅笔盒还是大衣柜，或者一个简单的三维人体是年轻人还是老年人。而这些光照、材质、纹理表现的就是某一种渲染的状态。系统基于OpenGL开发，而OpenGL是一种状态机，更准确地说，它是一种有限状态机，即它所保存的渲染状态值是预先定制且个数有限的。对于一个使用OpenGL开发的程序，它在每一时刻都会保存多个渲染时可用的状态值，直到下一次用户改变这个状态之前，该状态的内容都不会发生变化，而冗余的渲染状态设置以及频繁的状态切换都会导致渲染效率的大幅下降。通过对场景对象渲染顺序的调整，使相同状态的对象使用同一个状态进行渲染，减少了渲染状态的冗余以及切换频率；通过对渲染状态的排序对场景对象有序渲染，再次减少了状态的切换频率，达到了提升渲染效率的目的。

除了减少渲染状态切换频率外，系统使用VBO（Vertex Buffer Object）技术进行数据的批量提交可以减少与GPU的交互，降低数据带宽的使用，减少渲染批次，从而进一步提高渲染的效率。

基于多级LOD组织，可利用多种数据处理算法、空间索引技术、数据动态加载及多级缓存等方法，能有效提高三维数据调度性能，实现无缓存的高速加载调用。

（1）KLCD算法：提供一种城市建筑模型的渐进压缩和传输方法，根据该方法，一个复杂的城市建筑模型场景能表示成一系列分层的压缩的数据组织形式，而且每层的数据流远小于原有模型数据量，有利于网络传输。同时支持纹理的渐进传输技术，通过将大数据量的纹理层传输技术大大提升了平台的传输效果。

（2）空间索引加速技术：针对大规模城市场景数据（建筑、绿化、部件、地形等），通过空间分布关系，按照一定的区位、密集度、复杂度等要素，通过Builder产品将每对数据对象化，并建立空间索引关系，提高了平台运行效率。

（3）数据动态加载：针对海量数据在客户端通过多线程行处理，利用KLCD、LOD、遮挡剔除等技术，当前视野范围内的空间数据以动态层次加载，同时将一定范围外的数据进行剔除，使机器内存、CPU达到动态平衡，从而保障整体性能提升。

（4）多级缓存技术：针对海量数据传输到客户端本地后，建立了本地的空间文件数据库，并对文件进行了加密处理，大大提高了后期的访问运行效率，同时也保障了数据的安全性。多级缓存技术（服务器端数据库、Sever端、客户端文件、内存端）。

7.2.6　CIM高效引擎技术

随着CIM模型规模和复杂性的增加，单机处理多专业CIM模型的存储和分析变得越来越困难。对于独立的计算机来说，进行多个大型场景的渲染或者城市级数量的建筑信息模型渲染具有一定难度，建立CIM模型要求则更高，而城市级数量的建筑信息模型要结合地理信息数据进行展示，更是对计算机性能有很高的要求，同时也需要非常长的渲染运行时间。因此考虑使用空间填充曲线，利用空间填充曲线算法对二维、三维数据重新进行索引，利用分布式存储数据库存储，降低I/O流效率，并支持Spark并行计算，提高空间分析效率。

1. 索引降维

首先利用空间填充曲线将二维、三维等多维空间点索引转换为一维，采用Geohash编码对三维空间数据进行分形和降维（图7-2）。

然后通过Geohash字符串的长短来决定要划分区域的大小，可以划分为1~12个等级，当Cell的长度和宽度选定之后，Geohash的长度也就确定下来，这样就可将地图划分为多个矩形区域，Geohash编码示例见图7-3。

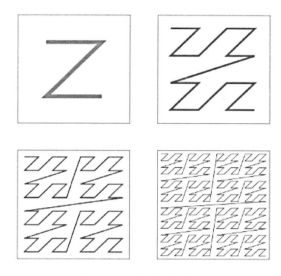

图7-2　空间填充曲线

字符串长度		cell宽度		cell宽度
1	≤	5,000km	×	5,000km
2	≤	1,250km	×	625km
3	≤	156km	×	156km
4	≤	39.1km	×	19.5km
5	≤	4.89km	×	4.89km
6	≤	1.22km	×	0.61km
7	≤	153m	×	153m
8	≤	38.2m	×	19.1m
9	≤	4.77m	×	4.77m
10	≤	1.19m	×	0.596m
11	≤	149mm	×	149mm
12	≤	37.2mm	×	18.6mm

图7-3　Geohash编码示例

2. 分布式存储

基于Hadoop分布式存储，采用分布式数据存储作为空间数据库（图7-4）建立Geo索引，实现海量遥感数据的并行计算，解决传统遥感数据存储和调度的性能瓶颈问题。

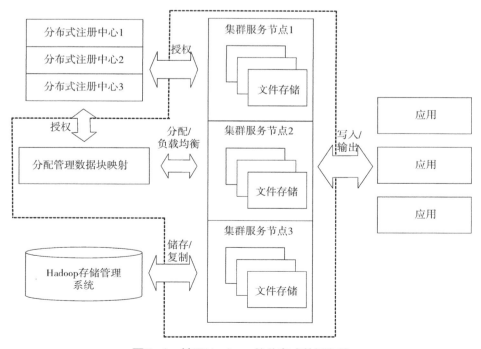

图7-4　基于Hadoop的分布式数据存储

3. 并行计算

基于Hadoop的动态调度，将渲染作业通过Map函数划分为细粒度的MapReduce作业，分发到集群节点进行并行计算，生成中间结果，再通过Reduce函数合并节点，形成最终结果，MapReduce工作原理见图7-5。

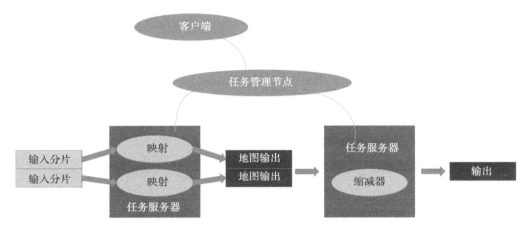

图7-5　MapReduce工作原理

4. KD-Tree光线跟踪

光线跟踪通过模拟光线的照射过程，在空间中与几何体相交得到光线的轨迹，对周围空间进行快速的遍历和判断，从而达到光线的快速模拟效果。若光线跟踪无法实时运行，用户看到的则是二维场景，因此，构建合适的加速结构尤为关键。KD-Tree具有对空间良好的分割能力，相比于其他加速结构，遍历速度也具有一定的优势。

KD-Tree遍历历程如图7-6所示，通过基于KD-Tree的光线跟踪，可以达到快速模拟光线、阴影渲染的效果。

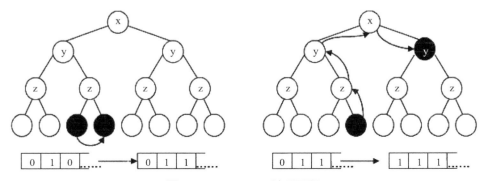

图7-6　KD-Tree遍历历程

第8章　广州市CIM平台应用模式

8.1　授权直接使用模式

本模式是指应用需求方申请开通广州市CIM基础平台使用权限后，通过政务外网登录广州市CIM基础平台，浏览已加载的二维GIS、三维模型、BIM等数据，并使用数据查询、漫游等功能，如图8-1所示。推荐不需要将广州市CIM基础平台的数据和功能集成到自有信息化系统的应用需求方采用本模式。

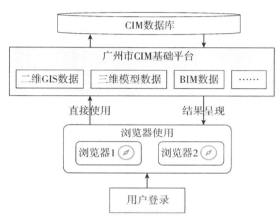

图8-1　授权直接使用模式示意图

8.2　接口定制开发模式

推荐需要将广州市CIM基础平台的数据或功能集成到自有信息化系统的应用需求方采用本模式。

8.2.1　有GIS数据引擎

如应用需求方已建成具备GIS数据引擎的信息化系统，可将发布在广州市CIM基础平台上的符合I3S（OGC）数据格式标准、通用的数据服务集成在自有的信息化系统中，如图8-2所示。

8.2.2　无GIS数据引擎

如应用需求方的信息化系统不具备GIS数据引擎，可利用广州市CIM基础平台提供的接口改造或定制开发自有信息化系统，并按实际需要调用广州市CIM基础平台数据服务，从而实现基于广州市CIM基础平台的深度应用。若申请的数据服务是广州市CIM基础平台已加载的，则经过申请批准后可通过政务外网以在线服务的方式提供；若申请的数据服务是广州市CIM基础平台未加载的，则按照一事一议的原则开展，如图8-3所示。

　　根据共建共享原则，若调用广州市CIM基础平台服务的部门在自有信息化系统中采集或更新了CIM数据，则需要通过政务外网向市CIM基础平台上报更新。

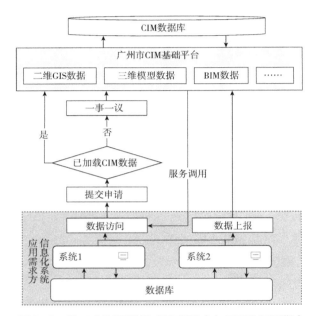

图8-2　接口定制开发模式示意图（有GIS数据引擎）

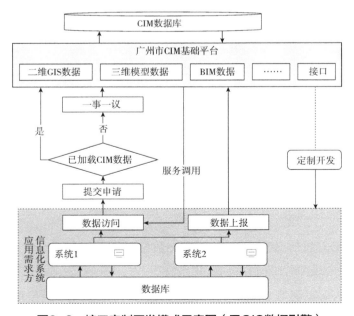

图8-3　接口定制开发模式示意图（无GIS数据引擎）

8.3 企业自建交换模式

本模式是指企业通过离线拷贝或前置机交换的形式上报物联网感知数据、业务数据、实时视频等数据，广州市CIM基础平台提供相应的接口对接数据，如图8-4所示。推荐已建设智慧社区、车联网等应用系统的企业采用本模式。

8.4 专网离线部署模式

本模式是指应用需求方在专用网络环境中单独部署一套广州市CIM基础平台，平台的数据和功能以离线的形式进行定期更新，如图8-5所示，推荐使用公安专网、政务内网的应用需求方采用本模式。

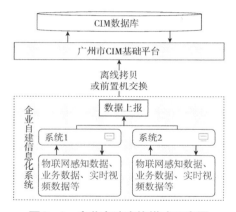

图8-4 企业自建交换模式示意图

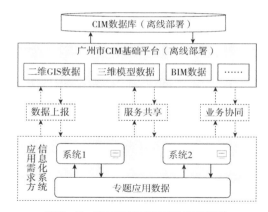

图8-5 专网离线部署模式示意图

第9章　广州市CIM平台运营保障体系

9.1　管理体系保障

研究制订CIM数据体系、CIM基础平台数据共享目录、应用推广模式、UI规范、数据更新机制等相关管理办法，形成完善的CIM基础平台推广应用体系。

9.2　机制保障

9.2.1　沟通机制

每季度定期召开"广州市CIM基础平台推广应用研讨会"，邀请各行业部门重点对每年的平台应用情况和工作需求进行研讨，商议具体的工作计划和安排，形成"需求—建设—总结—新需求"的良性循环，同时通过交流和研讨，对平台的发展提出明确的方向。

9.2.2　管理机制

建立健全平台推广应用机制，形成以住房和城乡建设部门牵头的推进组织，负责制定分工明确，权责明晰地推广应用工作方案，通过职责的调整和划分，协同推进项目整体设计、立项招标、建设施工和监督考核等工作，为平台的推广应用提供管理机制保障。

9.3　人员保障

培养CIM基础平台推广应用的专业队伍，承担平台重难点技术攻关、新技术应用和宣传推广等任务，强化对平台工作人员和从业人员的业务培训，全面解读相关政策和标准。积极学习试点经验，组建专家团队，全程指导CIM基础平台的推广应用工作。同时，发挥广州聚集省内高等教育资源的优势，深化产学研深度融合、校企合作，加大力度培育相关专业人才，充实科研队伍，壮大科研实力，培养科技人才和高水平创新团队。

第三篇

CIM基础平台应用案例分析

第10章 基于CIM基础平台的"穗智管"应用

10.1 基于CIM基础平台的"穗智管"应用概况

10.1.1 项目背景

党的十八大以来，党中央、国务院高度重视新型城市管理工作。2016年4月，习近平总书记在网络安全和信息化工作座谈会上的讲话指出，要"统筹发展电子政务，构建一体化在线服务平台，分级分类推进新型智慧城市建设"。

党的十九大报告要求建设科技强国、网络强国、交通强国、数字中国和智慧社会。2019年，李克强总理在政府工作报告中有多处提到"智慧城市群渐成城镇化可持续发展新载体""智慧城市推动数字经济发展"等方面的内容。

2020年，广州市"数字政府"改革建设工作领导小组明确提出加快推进城市治理现代化和解决城市管理中的堵点、盲点，全面推动城市运行管理更加科学化、精细化、智能化，根据"一网统管、全城统管"相关工作部署，按照"理念超前、技术领先、管理精准、实战管用"的要求，建设"穗智管"城市运行管理中枢（以下简称"穗智管"），提供城市运行统揽全局、决策指挥科技支撑，促进城市管理理念、管理手段、管理模式创新，打造数据全域融合、时空多维呈现、要素智能配置的城市治理新范式，激发广州老城市新活力、四个"出新出彩"的新动能。

"穗智管"着眼全市"一盘棋"整体格局，围绕"看全面、管到位、防在前"核心目标，以"智能+"为主线，打通条块业务系统互不相连的树状结构，实现社会治理监管网络泛在互联，实时汇聚全域治理数据，融合应急管理、城市管理、营商环境、医疗卫生、民生服务等领域的城市运行管理要素，逐步建成集运行监测、预测预警、协同联动、决策支持、指挥调度五大功能于一体的市区两级协同管理平台，形成市级部门横向协同、市、区、街（镇）、村居（网格）四级纵向联动的一体化城市运行管理新格局，充分调动各级政府、基层组织、人民群众积极参与社会治理，共同促进城市高质量和品质化发展。

10.1.2 行业现状

习总书记在深圳经济特区建立40周年庆祝大会上的讲话中明确指出，要树立全周期管理意识，加快推动城市治理体系和治理能力现代化，努力走出一条符合超大型城市特点和规律的治理新路子；要注重在科学化、精细化、智能化上下功夫，推动城市管理手段、管理模式、管理理念创新，让城市运转更聪明、更智慧；社会治理特别是基层治理水平明显提高，防范化解重大风险体制机制不断健全，突发公共事件应急能力显著增强，自然灾害防御水平明显提升。

近年来，"一网统管"城市运行建设在全国各大城市陆续开展，成为提升各大城市社会治理体系和治理能力现代化的有力手段，包括上海、杭州、深圳、天津、武汉、重庆、贵阳、南京等城市已经进入实际建设阶段，打造"人民城市人民建，人民城市为人民"的以人为本的城市管理模式已成为各大城市发展和治理的共同目标。"城市运行管理中枢"是城市管理中重要一环，是利用云计算、人工智能、大数据、5G通信和物联网等新一代信息技术，为城市精细化管理构建的一个平台型人工智能中枢，推动建设并打通各局委办信息化系统，利用实时全量的城市数据，即时修正运行缺陷，优化城市公共资源，实现城市治理、民生服务和产业发展的高质量突破。城市大脑是支撑未来城市可持续发展的全新基础设施，对提升交通出行、卫生健康、城市安全、防灾防疫等重要民生工作具有深远意义。2020年伊始，"一网统管"在各大城市相继潮起，各大城市"一网统管"建设规划见表10-1。

各大城市"一网统管"建设规划   表10-1

序号	城市	相关发文	规划内容
1	广州	《2020年广州市政府工作报告》《广州市"数字政府"改革建设工作领导小组关于印发"穗智管"城市运行管理中枢建设工作方案的通知》	加快数字政府建设，打造"一网通办、全市通办"的"穗好办"政务服务品牌，建成"一网统管、全城统管"的"穗智管"城市运行管理中枢
2	上海	《上海市城市运行"一网统管"建设三年行动计划》	以城运系统为基本载体，以城运中心为具象实体，围绕智慧政府建设中城市运行和政务服务两个关键维度，聚焦城市大脑认知、感知和行动三大能力提升，加快"一网统管"建设
3	杭州	《城市大脑建设管理规范》和《政务数据共享安全管理规范》	以交通领域为突破口，开启了利用大数据改善城市交通的探索，从"数字治堵"到"数字治城"，再到"数字治疫"，取得了许多阶段性的成果，目前城市大脑已接入杭州全市96个部门、317个信息化系统项目，每天平均协同数据1.2亿多条，构建了"中枢系统+部门（区县市）平台+数字驾驶舱+应用场景"的城市大脑核心架构，建成148个数字驾驶舱、已上线"舒心就医""欢快旅游""便捷泊车""街区治理"48个应用场景

续表

序号	城市	相关发文	规划内容
4	深圳	深圳市政府管理服务指挥中心	定位为"城市数字大脑",通过汇聚和分析各方数据,打造新型智慧城市的运行和指挥中枢,实现"一力全面感知、一键可知全局、一体运行联动"目标,为市领导和各区、各部门提供城市运行态势监测、辅助决策分析、统一指挥调度和事件分析处置等服务
5	天津	《2020年天津市政府工作报告》《关于成立城市管理"一网统管"工作领导小组的通知》	提出加快建设"城市大脑",整合社会治理、城市运行、政府监管等领域分散式信息系统,构建全市统一基础平台,强化信息归集和数据共享,打造"津心办""津治通"服务平台,推进"政务服务一网通办""城市运行一网统管"
6	贵阳	《2020年贵阳市大数据发展工作会议》	提出要共同建设打造"数智贵阳",加快实现"一网通办"和"一网统管"
7	武汉	《2020年武汉人民政府工作报告》	整合各类智慧城市信息化管理平台,推动"城市运行一网统管"
8	重庆	2020年3月11日,印发《关于加快线上业态线上服务线上管理发展的意见》	推进城市运行"一网统管"。依托数字重庆云平台和智慧城市综合管理平台,建设互联互通、高效协同的城市运行系统,形成统一的城市运行视图,实现"一键、一屏、一网"统筹管理城市运行的目标
9	南京	2020年2月21日,印发《关于南京市2020年城市管理工作实施意见的通知》	提出聚力一网统管,强化城市智能化治理。抓好城市管理数据中心建设,强化大数据分析运用,抓好数字城管信息系统升级,抓好综合执法管理系统特色运用,推进智慧灯杆建设

　　在国家和广东省的指导与支持下,广州市政府信息化建设一直走在全国前列。近年来更是紧抓大数据战略、网络强国建设和数字中国建设的重大发展机遇,加快大数据、人工智能、5G等新一代信息技术的创新应用,在智慧出行、平安广州、社区安防、城市治理等领域稳步推进"城市大脑"建设,较大提升了善政、惠民、兴业效能。即使新技术、新业态的持续发展,传统"信息孤岛"的问题仍然没有完全破解,数据资源开发水平与城市发展战略愿景和目标仍存在差距。

　　目前,广州在城市管理、医疗卫生、交通运行等各单独行业的信息化建设均较成熟,并在智慧化应用方面成效显著,但主要应用为条块型、行业性应用,数据分散在各个部门、行业的系统,尚未能对城市运行的各类数据进行互通和融合应用,制约了城市级别的统筹应用,无法实现城市运行各项指标的横向贯通、纵向比较、在线监控和智能预警,距离实现"一网统管"的城市运行管理中枢的目标还有较大差距,亟需从顶层设计和总体架构入手,构建感知中枢、神经中枢、大脑中枢的总体城市运行管理平台。

广州基于本地发展和社会管理、治理现状，探索实践中国特色超大城市精细管理新模式，打造第一个以全要素联合创新为核心的全球城市数字化治理新标杆，以"一图统览，一网共治"为总架构，"智能+"为总路径，构建"一网统管、全城统管"的广州特色"穗智管"城市运行管理中枢。

广州"穗智管"的特色和先进性主要体现在：

（1）柔性治理：松弛有度、有序有数的治理，提升城市管理张力，保持城市运行活力，促进城市自愈能力；

（2）开放包容：平台城市，老城市新活力，兼容多元主体共建共享共治；开放并包，营建国际化营商环境；

（3）科技引领：以现代信息技术为主要手段和牵引，建设"感知智能""认知智能""决策智能"的城市发展新内核；

（4）好用管用：管理要素标准化，管理方式智能化，管理流程闭环化。

10.1.3　问题分析

近年来广州市大力推进政务信息化建设体制改革，持续创新"数字政府"建设运营模式，并取得了阶段性成果，但距离国际领先"数字政府"城市样板的目标还有一定差距。具体而言，目前还面临着统筹管理、营商环境、数据治理、应用协同、指挥调度、智能决策等方面再上新台阶的挑战，存在问题分析如下：

1. 统筹管理有待加强、配套机制仍需完善

各部委的城市管理建设要求下达地方后，只按照主管部门进行安排，一些地方原有的部门间协调机制被打破，统筹难度加大。各部门信息化发展不平衡，各个部门缺乏统一的思路和目标。对智慧城市和数字政府建设尚未广泛达成共识；原有两级独立管理模式不适应数字政府改革建设要求；视机制建设，缺乏统筹建设、运营和管理的长效机制，缺乏可配套的标准、政策和法制环境。

2. 信息系统建设整体性和关联度不够

目前信息化项目建设各业务部门各行其是，许多信息化项目由于缺乏有效数据支撑，成为"无源之水"，容易出现"形象工程"和"面子工程"，造成巨大的资源浪费。

3. 政务数据治理体系有待完善

广州市政务数据汇集和共享开放取得了一定成绩，但是数据间缺乏联系，碎片化现象严重，难以形成"行业性、领域性"的系统性支撑能力。

数据治理工作缺少统一的顶层规划与完善的标准规范，数据共享体系与机制不够健全，数据系统平台支撑能力不足，数据汇聚归集时效性不高、质量参差不齐，

数据应用价值挖掘不足。

同时，核心的信息资源仍掌握在政府各部门手中，部门之间缺乏充分交流和有效协调，导致整体效率不高，数据过剩与数据饥渴问题同时存在，大数据在政府公共服务配置与宏观决策方面的支撑能力亟待提升，数字化向智慧化跨越发展存在一定的屏障。

4. 基层社会治理体制创新有待加强

随着信息化的深入推进，政府部门自上而下的"条"与地方的"块"之间缺乏有效的结合机制，形成信息化发展纵强横弱、条块分割的局面。一些系统自成体系，独立建网，使得全市信息化很难统筹建设、统一应用和管理。

现阶段基层社会治理体制创新不够，基层社会治理组织单一化，治理层级较多，行政运行成本较高。针对此现状，亟需坚持改革创新，健全各级协同管理系统，建立问题事项分级分类处理工作机制，加强精细化管理。

5. 业务应用协同创新能力有待提高

政务应用集约共享、协同创新力度仍显不足，各部门信息系统彼此独立，跨领域、跨部门应用场景不够丰富，政府治理精准程度、业务协同效率仍需提升。

6. 数据分析利用成效有待增强

各职能单位业务系统物理集中但逻辑上相对独立，系统应用及数据整合难度大。目前建立的共享交换平台，主要是对政务数据的共享交换，政务数据分析利用不够深入。对能够实时反映城市体征变化的实时数据的汇聚和分析有所欠缺。

7. 统一技术支撑能力有待提高

应用支撑、数据支撑、业务支撑、人工智能支撑等基础能力是支撑城市应用的通用性关键技术和手段，也是智慧应用建设的基础。目前全市亟需统一的技术平台，各部门提供的各类内部业务服务与互联网服务，都需要分别注册、分别登录、重复录入，数据无法互通，无法共用，用户使用烦琐。比如有些事项在网上办理完成后，还需到窗口提交纸质材料，重复提交办事证件，办事效率低，基层办事人员不堪重负。缺乏统一的基础支撑体系，是导致服务深度不够的主要原因。

8. 渠道各异缺乏整体品牌

服务渠道各异，整体存在感不强，统一品牌缺乏有效塑造。针对群众、企业及公务人员缺乏统一集中的服务入口，各部门服务方式各异，服务的应用深度不够，整体发展滞后，缺乏缺少统一的顶层整合平台、决策支持系统、应用扩展体系，数据共用和审批流程等不能共享互通，整体服务能力的欠缺导致用户获得感不强。同时，现有管理流程没有形成闭环，导致流程断裂、信息流断裂，最终导致数据缺失、流程效率不高、管理上存在漏洞和风险等。

9. 营商环境尚存优化空间

广州市在全国主要城市营商环境综合评分相对靠前，但仍然有提升空间，不少领域处于审批流程优化、制度改革阶段，缺少公共服务新手段、新工具和新方法，人工智能、区块链等新技术在营商环境领域应用广度和深度有待拓展。目前营商应用方面问题也比较突出，主要体现在以下几个方面：

（1）企业认证身份难：目前，企业在业务部门办理业务时普遍的认证方式是CA，由于各部门间业务系统相对独立，企业在办理业务（如税务、工建、市监、公共服务）时涉及多个CA，大量商用CA证书，导致企业在认证环节增加了大量的成本，部分业务的办理仍需要携带营业执照，企业认证身份难。

（2）政企触达能力不强：疫情后复工复产，对于自上而下的政策传达及自下而上的企业诉求，信息传递路径不畅、不达，主要体现在以下几个方面：

找不到：面向企业服务的入口存在对接部门多、渠道多等问题，优惠政策宣传需要加强。

办不了：材料不标准、流程不清楚、时间不确定、部门来回跑、资料重复交、一网通办覆盖面有限。

问不着：企业的各项业务诉求及政策问题咨询，尚无统一入口。

（3）企业之间缺少政府搭台：新冠肺炎疫情以来，产业链缺乏协同，导致复工难以复产，缺乏医疗物资保障，疫情防控难以保障的问题凸显。疫情造成以医用物资为代表的应急需求激增，供给保障面临巨大挑战，上游企业停工和跨区域物流阻断严重影响紧急物资生产企业复工生产，亟需政府牵头，建设平台的泛在连接能力，助力企业复工复产。

10.1.4　需求分析

1. 总体业务需求分析

"穗智管"城市运行管理中枢根据"城市是人民的，坚持以人民为中心的发展理念，人民城市人民建，人民城市为人民"的理念，结合数字政府改革推进有关要求，以"一图统揽，一网共治"为总架构，以"智能+"为总路径，实现"一网统管、全城统管"。

结合广州市的实际业务发展需求及"穗智管"城市运行管理中枢的建设目标，建设总入口、总平台、总底座三部分核心功能，同时配套完成市区两级对接、信息资源对接等工作。

2. 总入口需求分析

"穗智管"城市运行管理中枢根据用户的不同操作需求及建设内容与终端的适

配性需求，需建设可视化大屏端、PC端和移动端三种不同的操作入口。结合各类终端的特点对内容进行拆分、组合，最终实现三端联动、共建共治的总入口，消除不同入口的信息差和数据壁垒，统筹城市信息化建设整体性和关联度，形成"穗智管"城市运行管理品牌效应，提升政府行政工作效率和城市智能化治理水平。

3. 总平台需求分析

"穗智管"城市运行管理中枢总平台基于城市信息模型（CIM）、"四标四实"基础应用平台、智慧广州时空信息云平台等公共基础平台进行建设，通过结合城市运行管理要素及社会数据资源，打造场景互联城市综合运行监测新体系、全时全域城市综合预警分析新体系、市区两级"一网统管"分拨处置新机制，构建城市运行综合"一张图"、数据辅助决策"一张图"，实现市领导及各领域的负责人掌握城市运行宏观态势，实现跨部门、跨区域、跨层级的快速响应、指挥调度、联动处置。

"穗智管"城市运行管理中枢总平台围绕"应急管理""公共安全""医疗卫生""城市管理""交通运行""营商环境""政务服务""城市调度""经济运行""民生服务""指挥调研""智慧党建""城市建设""生态环境""智慧水务""互联网+监管"等主题的建设，通过采集、汇聚、处理各主题的基础数据，融合城市信息模型（CIM）平台、通信、AI、互联网数据等相关能力，建立城市运行综合体征和关键运行体征指标图景，大力推动管理手段、管理模式创新，实现"广州特色，穗智管主题"。

4. 总底座需求分析

"穗智管"城市运行管理中枢总底座是核心，全面支撑"穗智管"的运行监测、预测预警、决策支持、协同联动和指挥调度。城市运行管理中枢总底座通过建设共建共享的数据资源体系、灵活可信的区块链基础平台体系、孪生城市模型体系、统一开放的应用支撑体系、完备可靠的安全保障体系。连通市各部门业务系统，畅通各级指挥体系，为跨部门、跨区域、跨层级的联勤联动、高效处置提供快速响应。

5. 市区两级联动需求分析

"穗智管"城市运行管理中枢主要面向市领导、各领域业务管理部门、基层执法人员等提供运行监测、预测预警等服务。根据广州市的实际情况，仅一个"穗智管"城市运行管理中枢无法覆盖到全市运行的方方面面，此时需要借助全市11个区的特色能力或已具备的相关能力，实现所有相关业务领域数据的互通，以及市区之前的协同联动、指挥调度的上传下达。

6. 信息资源对接实施需求分析

"穗智管"城市运行管理中枢的建设需要汇聚各业务领域的相关数据。据了解，目前广州市信息共享平台已梳理的数据资源目录及已开放的共享数据无法支撑全域数据的共享共用，因此需根据本项目建设需求，对广州市现有相关业务系统数据进行梳理，明确"穗智管"城市运行管理中枢的数据对接需求及接口需求，最终依据建设单位及需求获取各业务领域的全量数据，为本项目实现城市运行监测、预测预警、决策分析、协同联动、指挥调度提供基础支撑。

信息资源对接实施包括接口开发实施服务、数据采集实施服务、数据治理实施服务、数据指标建模、数据迁移等。

7. 系统质量需求分析

"穗智管"城市运行管理中枢建设涉及城市运行管理要素平台、综合指挥平台、数据中台、区块链平台、应急管理、交通运行、城市管理、医疗卫生、营商环境的多个产品及16个主题的建设，为保障"穗智管"城市运行管理中枢的正常运行，在建设过程中，系统质量的管控尤为重要，包括拟定的质量管理计划、质量控制点、质量要求等。通过一系列的检查，保障本项目系统质量。

8. 项目安全需求分析

"穗智管"城市运行管理中枢是全市运行监测、预测预警、指挥调度、协同联动的基础平台。"一图统揽""一图统管"要实现各业务领域的数据汇聚，跨部门、跨层级的协同联动。因此，项目安全要从数据安全、应用安全、网络安全等多方面进行管控，加强管理，杜绝隐患。项目的信息安全借助广东省统一身份认证平台，对用户身份进行认证；通过分级分权，对不同用户可查阅的权限进行设置。

10.1.5 建设目标

贯彻"人民城市人民建，人民城市为人民"的理念，坚持"观管用结合，平急重一体"的原则，着眼全市"一盘棋"整体格局，围绕"看全面、管到位、防在前"核心目标，按照"一图统揽，一网共治"总体构想，以"科学决策、高效指挥、协同管理、人民满意"为衡量标准，以"智能+"为主线，打通社区末端、织密数据网格、调度多方参与，建设运行监测、预测预警、协同联动、决策支持、指挥调度五位一体的"穗智管"城市运行管理中枢，全面支撑城市运行管理智能化和精细化，全面推进城市治理能力和治理体系现代化，全面促进城市高质量和品质化发展。

10.1.6 建设内容

通过运用大数据、云计算、区块链、人工智能、物联网等新一代信息技术，以基础数据、应急管理、社会舆情、经济运行、公共安全、医疗卫生、规划建设、城市管理、交通运行、营商环境、生态环境、民生服务等领域城市运行管理要素为重点，建设"穗智管"城市运行管理中枢。打造"感知智能""认知智能""决策智能"的城市发展新内核，实现数据全域融合、时空多维呈现、要素智能配置的城市治理新范式。

1. 运行监测

通过构建城市运行监测"一张图",多层次、全方位掌握城市运行状态,建立信息集中、资源整合的城市运行综合体征和关键运行体征指标图景,防患于未然。

2. 预测预警

接入各部门的实时监测数据,建立警报信息的关联分析,实现对城市交通、基础设施、公共安全、生态环境、社会经济等重点领域运行状况的预测预警。根据预警模型来判断当前警报信息背后所隐藏的更大风险或隐患,以确定警报的风险级别,再根据不同的风险等级来启动相应的应急预案,实现城市运行管理由被动应对向实时监测、快速预警、主动预防转变。

3. 协同联动

建立跨部门、跨层级和跨地域的多级协同联动,统一协调人员、组织、资源和设施,最终排除安全隐患。

4. 决策支持

以城市大数据为基础,围绕智慧党建、政务服务、营商环境等主题构建不同专业领域的专题分析应用,深度挖掘城市运行状态变迁中的知识,用数据分析和仿真预测为城市管理者提供决策支持。通过持续的经验积累和知识沉淀,使得数据分析决策模型的预测能力和精准度逐步提高。

5. 指挥调度

整合集成视频监控、视频会商以及应急系统,为重大活动保障、突发事件指挥调度提供支撑。基于音视频调动,有效地利用现有的各种网络资源、信息资源、应用系统资源,进一步汇聚各部门业务数据、视频监控数据等,实现重大事件联动指挥,实现多个部门(包括气象、环保、交通、公安、城管、卫生、质监、工商、林业、海洋渔业、水、电、气、工业生产等联动单位)协同应对的指挥调度。当遇到各类突发事件时,可以基于电子地图进行指挥调度,通过视频监控调取现场实时情况,通过视频会议与各部门、区进行会商研判,对突发事件进行快速、有效的处置。

10.1.7　基于CIM基础平台的穗智管系统设计与实现

1. 总体设计

(1)总体架构

"穗智管"城市运行管理中枢配合各类体系的建设,形成"1+1+1"的总体架构,即"总入口+总平台+总底座"。"穗智管"城市运行管理中枢的总体架构如图10-1所示。

图10-1 总体框架

1) 总入口

总入口以城市服务综合入口及事件处置为核心，通过大屏端、PC端和移动端的建设，形成统一的政务协同综合入口，实现一屏（大屏）两端（PC端和移动端）的联动展现与应用。

按照"一图统揽，一网共治"总体构想，大屏可视化入口汇聚了广州市各个委办局的相关业务主题领域数据，为市领导更好地站在全市的角度，一屏掌握全方位的业务运行态势提供综合性的数据分析和决策支持。基于数据实时渲染技术，跨系统、业务、格式实现数据场景化融合。

基于"实用、管用、好用"的原则建设PC端和移动端入口。"穗智管"城市运行管理中枢PC端入口定位为统一的信息化集成平台，基于统一框架的协同应用系统，更好地实现业务运作各环节的电子化，通过大屏端汇聚的跨部门、跨层级城市运行管理要素数据打破条块壁垒，规避信息孤岛，加强各委办局内、外部的业务联系，从而提升职能部门城市治理的工作效率和管理水平。

2) 总平台

"穗智管"城市运行管理中枢上层应用围绕智慧党建、经济运行、政务服务（一网通办）、医疗卫生、民生服务、互联网+监管、交通运行、应急管理、智慧水务、生态环境、营商环境、公共安全、城市管理、城市建设、城市调度、智慧调研等领域进行建设，形成城市运行综合"一张图"、数据辅助决策"一张图"，以此推动城市运行管理手段、管理模式创新，实现"广州特色，穗智管主题"。

城市运行管理要素平台主要提供城市运行的全方位监测、全维度研判能力。城市原型管理要素指标体系以国家政策文件、标准规范、行业报告为基础，融合行业标准、业务需求、项目实践等，从十九大经济、政治、文化、社会、生态"五位一体"的根目录出发，汇聚社会治理各项要素形成评估指标库，支撑按部门、按主题等多维度展示，支撑个性化评估场景构建，并在此基础上设计"城市运行效能"评估体检模型，可精准、实时的反映社会各个领域的运行情况。

综合指挥平台通过构建指挥"一张图"、协同调度、挂图作战、应急预案、勤务值守、指尖指挥等工作模式，重视事前准备，依靠分析评估建设指挥调度体系，实现全市各区、各部门应急信息资源整合与共享、综合研判、指挥调度、辅助决策等功能，形成覆盖全市的完整、统一、高效、协同的综合管理与指挥调度体系。

决策支持平台通过数据中台打通与广州市12345热线中心、来穗网格系统、数字城管、水务、城市部件等系统的数据通道，通过针对结构化数据的综合整理，以及对非结构化数据的语义分析、图像识别等技术，从各类事件数据中挖掘更多信息并形成事件图谱，从事件维度实现监测预警。

通过建设城市运行管理要素平台、综合指挥平台、决策支持平台，实现城市运行的监测预警、决策辅助、协同联动、指挥调度，辅助政府部门及领导实时掌握城市运行宏观态势，实现跨部门、跨区域、跨层级的快速响应、指挥调度、联动处置。

3）总底座

总底座的基础设施构建在广州市电子政务外网的云平台基础上，依托统一的云操作系统，形成涵盖分布式文件系统、任务调度、远程过程调度、安全管理、分布式协同、资源管理以及集群部属与监控在内的一体化分布式管理平台。在该平台之上形成面向不同处理场景的计算服务（包括离线计算、实时计算以及流式计算等）、存储服务（包括块存储、文件存储）以及网络服务（VPC等），从而形成一体化基础云平台。云平台的关键基础设施均部署了安全监测、漏洞扫描系统，可及时发现网络风险隐患和安全事件，并进行及时预警。通过城管云视频监控平台接入市内各类视频监控端点，为上层业务应用提供在线视频资源支持。

技术平台主要定位为各类信息化应用提供功能完整、性能优良、可靠性高的业务、技术支撑公共组件，如原有的微服务框架、消息队列以及新建设的区块链基础平台和企业电子印章系统，满足上层应用系统建设中的共性支撑需求。

建设"穗智管"城市运行管理中枢的数据中台，提供数据采集、数据治理、数据运算、数据安全等服务，汇聚了城市运行各业务领域的全量数据，并对数据进行多维度分析，支持了主题内部数据预测预警分析，以及跨主题相关数据的融合分析。通过大量基础数据的支撑，结合区块链应用中心和AI应用中心，与数据治理及智慧应用融合，满足上层业务系统的创新应用需求，发挥"催化剂"和"倍增器"作用。

"数字广州基础应用平台"（"四标四实"平台）覆盖了"市、区、街道、社区、网格"五级调度体系，实现全市网格、标准建筑编码、标准地址库及实有人口、单位、房屋等信息在一套系统采集、核查、校准和应用管理。城市信息模型（CIM）是以城市的信息数据为基础建立的三维城市空间模型和城市信息的有机综合体，是智慧城市建设的基础数据。项目充分利用"数字广州基础应用平台"（"四标四实"平台）、城市信息模型（CIM）、智慧广州时空信息云平台等公共基础平台的核心领域能力，结合城市综合运行指标体系及社会数据资源，打造场景互联城市综合运行监测新体系、全时全域城市综合预警分析新体系、市区两级"一网统管"分拨处置新机制。

4）健全的体系建设

紧紧围绕全市"一盘棋"策略建设全市一体化能力中枢，建设全时全域的物联感知体系、共建共享的数据资源体系、灵活可信的区块链基础平台体系、自主学习的AI智能体系、数字孪生城市模型体系、统一开放的应用支撑体系、完备可靠的安全保障体系。同时，依托全市一体化能力中枢，联通全市各部门业务系统，畅通各级指挥体系，为跨部门、跨区域、跨层级的联勤联动、高效处置提供快速响应；建立全市统一的数据资源目录，为各级政务应用提供高效的数据服务。

（2）业务架构

"穗智管"城市运行管理中枢应用架构以数据中台和智能网关为核心，以城市运行管理要素平台、综合指挥平台、决策支持平台为纽带，支撑智慧党建、经济运行、政务服务（一网通办）、医疗卫生、民生服务、互联网+监管、交通运行、应急管理、智慧水务、生态环境、营商环境、公共安全、城市管理、城市建设、城市调度、智慧调研等业务领域的建设，形成城市运行综合"一张图"、数据辅助决策"一张图"。

"穗智管"基于数据中台支撑主题库的应用建设，各委办局业务系统通过共享交换平台以数据接口和库表交换等方式对接到智能网关，并汇聚数据到"穗智管"数据中台，最终在大屏、PC端、移动端三端设备上展示出各种数据指标和分析结果。数据中台的数据输入输出边界均需配备安全防护策略，充分保证数据传输的安全性。

"穗智管"城市运行管理中枢对接省统一身份认证平台,对"穗智管"三端的用户提供身份鉴别能力,根据不同的用户身份提供相应的访问权限和展示内容,保障"穗智管"城市运行管理中枢的使用安全。

"穗智管"城市运行管理中枢应用架构图如图10-2所示。

"穗智管"城市运行管理中枢应用架构以智能网关为核心(包括API网关、准入网关和接入网关),提供API的完整生命周期的精细化管理,包括创建、维护、发布、运行、下线等。实现智能网关在保证服务安全的情况下,使"穗智管"与广州市信息共享平台及其他委办局业务系统进行数据互通;同时不断沉淀"穗智管"的核心通用能力,通过智能网关为其他有需要的委办局进行赋能。智能网关的独立授权模式可精准到接口级别,针对性地解决服务授权、流量控制、负载均衡、高可用等一系列问题,为"穗智管"提供统一的对外API;同时,智能网关基于自身的数据格式转换能力,有力支撑政务服务由数据共享模式转向服务共享模式。

作为公共支撑平台的电子印章系统、政务区块链平台以及融合通信能力,结合城市信息模型(CIM)、广州基础应用平台("四标四实"),共同实现"穗智管"城市运行管理在营商环境优化、城市治理和综合指挥调度的业务场景创新。

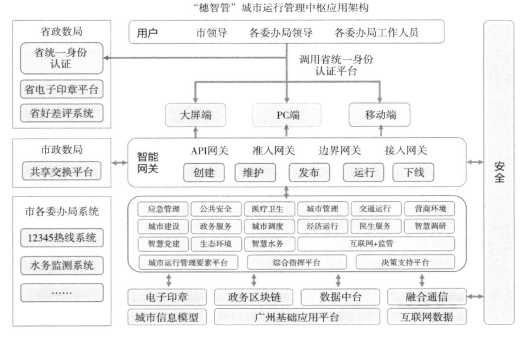

图10-2　应用架构图

（3）数据架构

数据中台是"穗智管"城市运行管理中枢的核心，建设技术平台、服务能力和保障体系三位一体的城市级数据中台，为"穗智管"提升服务质量、汇聚数据资产分析决策提供支撑。通过数据中台的数据归集服务、数据治理、数据分析、数据共享、数据开放、数据应用、数据安全等服务能力，结合联盟链、多链技术、智能合约等区块链技术，实现对资源目录（职责目录）的分布式管理、统一查看、不可篡改、动态授权和管控等，从整体上提升城市级数据资源的管理和治理能力。同时完成"穗智管"数据中台与市各委办局的相关系统的互联互通，实现公安、市监、城管、住建等市各政府部门的共享数据及核心数据互通。

"穗智管"城市运行管理中枢的数据架构如图10-3所示。

"穗智管"城市运行管理中枢数据中台的核心数据主要来源有两类：一类是广州市共享交换平台已有的数据，数据经政务信息共享平台推送到数据中台的采集前置机，然后在数据中台实现数据的汇聚、加工和分析；另一类是目前还未通过信息共享平台开放的数据，需要通过与各委办局的数据接口进行对接获取数据。通过数据采集，将城市运行各领域的相关数据采集沉淀到数据中台原始库。

数据中台对数据进行清洗整合，对原始库中的数据进行数据标准化处理，包括提取、清洗转换、关联、比对、标识和分发，建立形成标准库、整合形成综合库和

图10-3　数据架构图

主题库等资源库。整合后的数据能够提供公共基础数据服务，基于资源池的各类综合、主题数据，通过编制数据资源目录统一梳理数据中台现有数据资源，在支撑"穗智管"一图多主题展示和分析的基础上，对外提供查询、订阅等数据服务，以支撑全市政府服务部门各类业务应用的开展。最后，经采集、整合、治理的数据能够形成数据资产，为各类行业及主题的数据应用提供高质量、标准化的数据资源支撑，进一步促进数据应用增值，助力数据生态搭建。

与区块链技术平台的结合，数据中台基于可信数据交换区块链，以联盟链、多链技术、智能合约等区块链的技术手段，实现对资源目录（职责目录）的分布式管理、统一查看、不可篡改、动态授权和管控等需求。以政务部门数据采集汇聚与共享为主要业务，通过可信数据交换区块链实现政务跨部门的数据共享应用，实现数据资源编目、数据供需申请与审批、数据共享服务访问数据上链，达到统一目录视图、业务可观可控、操作可追溯和全程留痕等目的。由广州市大数据局负责对整个区块链网络进行统筹管理，结合其他相关部门完成区块链综合管理工作。

2. 系统功能设计

（1）总入口

城市运行管理中枢总入口是以构建共建共治为核心的城市服务综合入口及以事件处置为核心的城市运行管理中枢。项目通过统一大屏端、PC端、移动端入口的有机融合，针对用户不同层面、不同业务使用场景、事务管理互联互动需求，消除不同入口的信息差和数据壁垒。按照"一图统揽，一网共治"总体构想，统筹城市信息化建设整体性和关联度，建设运行监测、预测预警、协同联动、决策支持、指挥调度五位一体的"穗智管"城市运行管理中枢。通过运用大数据、云计算、区块链、人工智能、物联网等新一代信息技术，以基础数据、应急管理、社会舆情、经济运行、公共安全、医疗卫生、规划建设、城市管理、交通运行、营商环境、生态环境、民生服务等领域城市运行管理要素为重点，建设"感知智能""认知智能""决策智能"的城市发展新内核，打造数据全域融合、时空多维呈现、要素智能配置的城市治理新范式。全面支撑城市运行管理智能化和精细化，推进城市一体化治理能力和治理体系现代化，全面促进城市高质量和品质化发展，提升政府行政工作效率和城市智能化治理水平，并形成"穗智管"城市运行管理品牌效应。

1）大屏可视化入口

按照"一图统揽，一网共治"总体构想，大屏可视化入口汇聚广州市各个委办局、单位的相关主题内容数据。如图10-4所示，大屏可视化入口助力市领导更好地站在全市的角度，一屏掌握全方位的数据，综合性提供数据分析，为领导统管提

图10-4 大屏可视化入口

供综合性的数据分析和决策支持。基于数据实时渲染技术，跨系统、业务、格式实现云数据场景化融合。

2）PC端入口

PC端入口定位为统一的信息化集成平台、一站式办公平台，见图10-5。在传统意义的信息传递、工作协同、规范管理、知识共享等常规功能基础上进行提升，进一步实现跨系统应用整合，通过集成技术实现数据挖掘与数据交换，以门户技术实现信息整合与信息呈现，构建全新的一体化、自动化平台，从而更好地提升组织信息化应用效率。前瞻性地帮助政府用户建设基于统一PC框架的协同应用系统，更好地实现业务运作各环节的电子化，减少人为冗余环节，通过打通条块壁垒，规避信息孤岛，加强内、外部的联系，从而提升政府行政工作效率和管理水平。

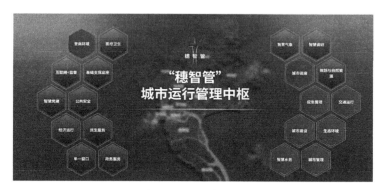

图10-5 PC端入口

3）移动端入口

通过建设"穗智管"城市运行管理中枢移动端，实现重点主题和关键指标在移动端呈现，满足领导和各级部门用户使用需求，辅助领导制定决策；利用省级"粤政易"移动办公平台能力，提供流量接入、安全准入、应用API集成和路由、身份认证集成等省市两级级联的关键技术实现方案；同时移动端满足多维度的消息互通、音视频会议、消息和文件互转的需要。

移动端入口如图10-6所示，集中展示广州市"一图多景"的各个主题简报及各主题的关键数据信息，数据支持层层下钻。方便领导"随时看数"，为领导提供辅助决策数据支持。同时支持领导在简报看数时，能够进行指令下发、联合会商，方便领导"随时指示"。

（2）总平台

1）智慧党建主题

智慧党建主题坚持党建引领，通过运用大数据、云计算、区块链、人工智能、物联网等新一代信息技术，融合全市党组织、党员、党群服务中心、党校、双报到报名及活动等信息，建设"党员铁军""红色堡垒""党建阵地""初心为民""羊城先锋""抗疫先锋""红联共建""红色路线"八个基础板块，实现党建信息与地图联动，促进党建整体统筹、层级压缩、效率提升和自身优化。

2）城市建设主题

城市建设主题如图10-7所示，它充分利用广

图10-6　移动端入口

州市城市信息模型（CIM）平台数据及功能支撑，整合智慧工地、重点项目、消防审验、房地产市场监测、城市更新、城市体检六大专题等需求，建设住房城乡建设局各项专题重要指标的进展情况与发展态势，实现一屏一览化展示住建特色与专项应用等，实现精准把握项目进度，实时掌握市场态势，做到有效监管与督办，为领导整体决策提供驾驶舱功能，助力数字广州政府深化发展。

城市建设主题整合"智慧工地""重点项目""消防审验""房地产市场监测""城市更新""城市体检"六大专题等需求，充分利用广州市城市信息模型（CIM）平台数据及功能支撑，展示住建业务，浏览广州市工程建筑工地的详细信息。

图10-7　城市建设主题

3）应急管理主题

应急管理主题如图10-8所示，它贯彻"人民城市人民建，人民城市为人民"的理念，坚持"观管用结合，平急重一体"的原则，按照"一张图、一键通、一体化、一竿子、一盘棋"的总体构想，围绕"及时防范、及时采集、历时数据、时时准备、实时指挥"核心目标，以"科学决策、高效指挥、协同管理、人民满意"为衡量标准，结合城市地理信息平台和"四标四实"基础应用平台，充分利用移动互联网、大数据、物联网、人工智能、时空地理信息系统等新兴信息技术，融合气象、海洋、水务、地质、林业、交通、公安、住建等专业部门基础数据及实时监测数据，建立应急相关基础资源库和专题库，初步实现自然灾害、事故灾难风险源的掌握和感知，融合互联网位置大数据，打造应急管理"一张图"，为防范突发事件风险研判提供分析、为处置突发事件提供预警预测、为应急资源配置提供精准支持。

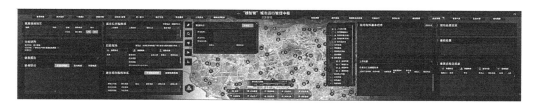

图10-8　应急管理主题

4）营商环境主题

营商环境主题如图10-9所示，它根据世界银行全球营商环境评估体系和国家发展改革委营商环境评价指标体系，以营商环境各项指标数据监测为核心，结合广州营商的实际情况，增加其他涉企相关指标数据。利用市级数据共享平台，整合营商中各涉企业务部门数据，通过人工智能、大数据等互联网先进技术，分析、挖掘并展示营商环境城市画像、营商环境综合的真实状况和各项指标数据，为后续世界银行营商环境的考核提供参考依据，持续推动广州现代化国际大都市营商环境出新出彩，无论是开办企业、登记财产，还是办理建筑许可、获得电力，数字政府的建

图10-9　营商环境主题

设，围绕企业便利度、企业家的获得感，改革不断取得新突破。

主题根据世界银行确定的指标体现，通过聚焦优化营商环境关键环节，结合广州作为千年商都的定位，通过对接政府部门、金融机构和互联网产业等数据，进一步动态分析广州政务环境、商务环境、法治环境、社会环境等内容，从广州实际出发全方位提升服务企业能力。此外，基于政务区块链基础平台，推进各项营商环境指标事项的革命性流程再造，助力营商环境创新应用；不断创新政府服务，对照世界银行和国家营商环境评价体系，打造全国最优、国际一流的营商环境新高地，让"不可能成为可能"，提供可复制、可推广的鲜活"广州样本"。

5）医疗卫生主题

医疗卫生主题如图10-10所示，它围绕智"识"和智"管"的思路，以市主要领导重点关注和市民重点关注的内容为主，重点突出医疗、卫生两个方面内容：一是急救指挥调度，充分展示广州市在院前急救的指挥保障能力，接入120急救中心指挥调度系统，实时显示各急救车辆分布、轨迹和执行任务情况，实现通过急救现场高清视频进行现场指挥；二是公共卫生监测，各哨点医院各类传染病监测情况、学校晨检情况、发热门诊就诊情况，各公共场所公共卫生情况，提升对全市公共卫生的整体感知和预防能力。

图10-10　医疗卫生主题

通过可视化平台，全域监控全市各类医疗卫生事件并实现医疗卫生预警体系一图总览，有效应对突发性公共卫生事件。辅助决策者全面掌控医疗卫生数据变化态势，深度挖掘运行数据的时空特征及变化规律，增强处置突发事件的能力和水平。全面提升社会管理和医疗生态水平，打造数据驱动、科学决策、精细智能的治理样板。汇聚领导所关注的医疗机构资源、公共卫生数据、疫情发展态势等，可通过下钻、弹窗、滚动、切换的方式，以数据看板的形式展现，从而辅助领导随时掌握情况，做出科学、精准决策。

6）城市管理主题

城市管理主题如图10-11所示，它是在"一图统揽，一网共治"的总体架构下，对"数字城管"理念的提升和创新，利用物联网、大数据、人工智能等技术，整合城市管理资源，拓展智慧城管业务应用，扩大城市管理可视、可控范围，提高应用的智能化程度。通过构建城市管理专题的运行中枢平台，开展市容"六乱"、余泥渣土车未密闭等场景视频智能巡查，扩展智能分析应用，提升城市管理智慧化、精细化水平。健全城市管理数据管理体系，加强城市管理数据的关联比对分析，强化数据预测应用功能，选取环境卫生、燃气管理、市容景观、垃圾分类、城管执法等领域，建立智能预测模型，对重大城市管理事件进行分析预警，优化资源配置，为城市管理提供高效的信息服务与决策支持。

贯彻落实《广州市"数字政府"改革建设工作领导小组办公室关于明确"穗智管"建设近期重点任务的通知》要求，围绕省、市领导相关指示，坚持创新引领、部门协同，在一期建设内容的基础上，对城市管理重点业务场景进行梳理，实现"穗智管"与业务系统数据实时对接，突出展现城市管理智慧化手段，通过指标细化，实现各个应用场景的全流程监管，结合数图联动效果，展示智慧管理执行效果，强化数据预测应用功能，以实现对城市管理问题智能预测、重大城市管理事件进行分析预警，为城市运行管理提供高效的信息服务与决策支持。

7）城市调度主题

城市调度主题如图10-12所示，它是按照"大网格、大智慧、大巡查、大参与、大管控"的工作理念，基于广州12345政府服务热线平台、广州市来穗人员服务管理信息系统、数字广州基础应用平台（网格化功能模块）、各区"令行禁止、有呼必应"综合指挥调度平台的建设基础，围绕群众办事难点、痛点、堵点，按照"高效处置一件事"的要求，全方位实时展示服务热线和基础网格工作情况，开创

图10-11　城市管理专题

图10-12　城市调度主题

综合指挥调度新局面，建成指令快速下达、下达快速生效的城市调度一级平台。

该主题主要分为城市要素统揽、12345综合受理展示、网格有呼必应展示、市区有呼必应、区级"令行禁止、有呼必应"平台的联动、与地图联动6个专题。12345综合受理是全市市民热线统一受理入口，自上而下综合反应市民的需求及意见。网格有呼必应集成了市级网格化平台及各区"令行禁止、有呼必应"平台的内容，自下而上全面体现基层社会治理的需求及待完善工作。城市调度主题围绕全市"令行禁止、有呼必应"基层党建的工作格局。

8）民生服务主题

民生服务主题如图10-13所示，它包含社会福利、文化教育旅游、劳动就业、社会保障、医疗保障、文化旅游五版特色专题。依托"穗智管"总体系统架构，整合政府相关职能部门和企事业单位信息资源，应用大数据、云计算、区块链等新一代信息技术，实现民生服务主题要素之间的"运行监测、预测预警、协同联动、决策支持、指挥调度"的数据联动，实现全市范围内民生热点、堵点和痛点问题的"一图统揽"，为领导综合管理、统筹决策提供数据支撑，从而更好地问需于民，服务于民。

图10-13　民生服务主题

主题以提升人民群众的获得感、幸福感和安全感为导向，逐步深化民生服务相关业务信息系统数据融合，按照统一标准规范接入"穗智管"城市运行管理中枢，基于"穗好办"为市民提供预约挂号、实时交通等多项生活服务，增强APP、小程序等多元化统一便捷服务渠道品牌效应，扩大民生服务范围和提升民生服务精度，形成民生热点专题图；同时整合多渠道民生热点、堵点和痛点，建立民生服务决策分析模型，优化业务办理流程，扩大民生服务范围，激发基层应用活力，解决老百姓的民生问题。民生服务主题按照"一图统揽，一网共治"总体构想，围绕"看全面、管到位"的核心目标，基于民生服务领域城市运行管理要素为各部门提供规划指导和科学评估。

9）生态环境主题

生态环境主题如图10-14所示，它是利用广州市城市信息模型（CIM）基础平台成果，建设全市生态环境总体态势图，实现全市环境质量、核心目标、控制指标的全面洞察。构建环境质量、污染源监管、生态保护等生态环境专题图，围绕打赢污染防治攻坚战和各类专项行动，实现对环境质量、污染防治和执法热点等问题进行智能发现、预测和分析，随时掌握历年广州市环境质量情况和变化趋势。帮助用户了解广州市的环境质量状况和影响因素，为领导决策提供数据支撑。

主题全面汇聚、整合城市治理各业务条线数据，打造全市生态环境总体态势图。通过将生态环境业务数据与三维地图整合，实现生态环境领域关注的相关指标以地图为媒介与监测站点、污染源、车辆等进行联动，借助大数据分析、物联网感知、融合通信等能力，实现全市环境质量、核心目标、控制指标、现状进展和差距分析的全面洞察，为领导的决策管理和生态环境治理提供一个集展示、监测、预警、处理全流程管理的一体化主题应用，推动跨部门联动和指挥调度，实现生态环境的智识、智管、智治。

图10-14　生态环境主题

10）智慧水务主题

智慧水务主题如图10-15所示，它基于数字广州基础平台、时空云平台、城市信息模型（CIM）平台等公共基础平台的数据，构建河长制、水利、排水、水资源、供水、节水、海绵城市、黑臭水体、水务工程九大版块的专题展示，通过图层加载水系、流域、河长公示牌、河道水质考核断面、湖泊、水库、水闸、水电站、水利泵站、雨量站、水位站等空间信息。同时支持在线水雨情监测数据的接入，实现全市水雨情实时监测数据的动态展示。

主题通过融合河长制管理、水务物联数据、黑臭水体治理、防灾减灾等信息，建设河长制、水利、排水、水资源、供水、节水、海绵城市、黑臭水体、水务工程等多个基础板块，实现水务信息与地图联动，专题可视化、业务可视化、设施可视化管理等多维信息的融合展示，向业务管理者提供足够的数据支持与资料参考，为水务业务决策工作提供全面、准确的数据支撑（图10-15）。

图10-15　智慧水务主题

11）交通运行主题

广州市交通运输局立足广州市综合交通发展需要，融合交通基础设施、交通运行等数据，全面掌握城市对外交通、对内交通总体运行态势，打造交通基础设施、城市交通、客货运输、城市治理等专题板块（图10-16）。全面分析广州市公交车、出租车、地铁、网约车等城市交通运力实时动态与发展趋势，并针对各个综合枢纽旅客运输与客流情况形成画像分析。为"穗智管"城市运行管理中枢提供城市交通运行监测与拥堵指数分析服务支持，全面强化广州综合交通运行监测与融合管理，大力提高广州交通综合服务管理水平。

图10-16　交通运行主题

主题立足"穗智管"项目建设目的，基于广州市综合交通建设及发展需要，在整合现有交通相关数据与资源的基础上，联动交警、应急、气象、水务等委办局的相关数据，结合数字广州基础平台、时空云平台、城市信息模型（CIM）等公共基础平台的数据和腾讯地图实时交通数据能力，通过自动化、规范化的数据处理和系统分析，实现对综合交通数据的深层次、多维度的挖掘分析、处理和展示，数字化支持广州市政府以及相关委办局的决策。同时为交通资源结构优化提升、道路网络建设规划、公交线路网调整、交通管理需求分析与制定、各大交通系统运行状况评估、交通疏堵工程方案制定、疏堵措施效果评价等提供强有力的数据分析和支持。最终实现有效交通资源调节与供需平衡，提高公共交通运行效率和服务水平，提高路网通行效率，为广州发展提速赋能。

12）政务服务主题

政务服务主题通过多维度、深层次地全面深入分析广州市政务服务现状与工作成效，结合广州市"互联网+政务服务"的智能化、信息化特点，实现对全市政务服务的监管。以推进政府部门"简政放权""放管服"改革为依据，助推解决市民和企业办事难问题。

主题通过首页展示广州市政务服务"一网通办"的概貌（包括政务服务的基础支撑能力和各流程业务量概况、业务覆盖范围、业务渠道范围）、服务效能优化成效、服务优化支撑成效及对当日业务办理各环节的实时监测，对业务办理、服务事项、服务渠道、效能优化、特色应用成效等方面进行多维度深入的统计分析，为领导深入分析广州市政务服务取得的成绩和存在的问题，进一步推进互联网+政务服务工作提供决策支撑。

13）公共安全主题

公共安全主题在"情报、指挥、巡逻、视频、卡口、网络"六位一体的社会治安防控体系的基础上，以互联网+思维的理念积极应用视频云等智能科技，形成一体化的智慧防控网络。充分应用大数据分析技术，通过区域治安防控等级勤务响应机制，平台对全市11个区的治安状况由低至高实行绿、蓝、橙、红"四色预警"，对应启动四级、三级、二级、一级勤务响应，引导警力"靶向"投放。

通过不断推进信息化条件下的勤务指挥体系建设，公共安全平台实现精准指挥、精确打击、精密防控、精细管理的现代化指挥调度模式，大幅度提升警务实战效能，为公安机关高效履行维护社会公共安全职责提供有力的系统支撑。

14）互联网+监管主题

互联网+监管主题通过多维度展示市、区部门的监管事项、监管对象、监管行为、执法人员情况、投诉举报等全局态势分析，从地域、领域、时间、风险等级等多个维度展示城市运行风险分布全局态势，实现监管事件跟踪、监管效能评估、评价分析及执法可视化展示。

主题全面归集市场监管、环境保护、医疗健康、食品药品安全、城市管理、知识产权等领域的监管事项、监管对象、执法人员、行政检查、行政处罚、行政强制、"双随机、一公开"、投诉举报的民生数据以及信用联合奖惩信息等，构建一张互联网+监管分布图，从多个维度展示与分析全局态势，实现监管事件跟踪、评价分析及执法可视化展示，充分运用大数据和人工智能等新技术开展预警监测分析，深化构建"事前管标准、事中管检查、事后管处罚、信用管终身"的新型监管机制，推进与政务服务深度融合，加强对市场主体的全生命周期监管"大闭环"，全面实施集企业基本信息、信用、成长经营、风险、处罚等多个成像要素的企业精准"画像"，实现各个领域的企业精准监管，维护市场正常秩序，释放市场主体活力，进一步优化营商环境，促进政府监管规范化、精准化、智能化，最终实现"一处发现，多方联动，协同监管"。

15）经济运行主题

经济运行主题分为经济实力、城市活力、区域对比、城市对比、工信运行、重点产业、科技创新7个子专题，围绕城市活力、经济活力展现广州市经济运行现状，监测全市经济运行情况，呈现宏观经济指标、第一二三产业、新兴产业及财税运行动态。

主题全面监测全市复工复产、生产消费等方面情况，反映广州市汽车、电子、石化制造业三大工业支柱产业和IAB、NEM等新兴产业建设情况，为产业扶持政策决策、重点优势和重点产业链分析、产业转型升级动态分析以及经济运行调度提供决策支持。

16）智慧调研主题

智慧调研主题以广州市城市信息模型（CIM）平台数据、"四标四实"平台数据、公安视频监控数据为基础，以视频云、5G网络为承载，充分运用大数据分析、云计算、无人机、VR建模等前沿技术，利用视频会商、无人机远程调研、VR直播调研等多种智慧调研手段，实现了"一图看广州、一点通全市、一线连上下"，为领导坐镇指挥中心开展远程智慧调研，进行统一领导、统一指挥、统一调度的提供重要支撑。

17）城市运行管理要素平台

城市运行管理要素平台主要提供数字化、网络化、平台化、智慧化的现代化城市体征评价框架，通过整合多维度、多领域数据资源，实现城市经济社会运行发展全过程的科学化、数字化、智能化、精准化呈现，支撑动态监测、评价评测、决策分析等城市管理流程，支撑城市运行的全方位监测、全维度研判，真正做到"眼中有图、决策有谱、管理有术"。

城市运行管理要素指标体系秉持"权威科学、全面覆盖、多维构建"的设计思路，以国家政策文件、标准规范、行业报告为基础，融合行业标准、业务需求、项目实践等，从十九大经济、政治、文化、社会、生态"五位一体"的根目录出发，汇聚社会治理各项要素形成评估指标库，支持按部门、按主题等多维度展示及个性化评估场景构建，并在此基础上设计"城市运行效能"评估体检模型，意在精准、实时地反映社会各个领域的运行情况。

平台的设计主要包括要素地图、指标管理、任务管理、智能建模、要素分析、智能预警、评估报告、报告中心、个人工作台等核心模块，可以支撑通过指标目录树的形式构建不同范围和不同领域的指标体系，通过给各指标进行目标与期望值的设置用于与任务值进行差距分析比对，通过加载历史客观数据和指标计算模型配置评估城市的建设成效，以及根据评选目标设定标杆对象，进一步对指标计算结果进行差距分析，从而确定评选对象与标杆之间的差距，分析当前治理问题的长短板。同时，可以根据计算结果进行智能预警，并生成评估报告和体征地图，用户可以直观查看当前指标情况。

18）综合指挥平台

综合指挥平台旨在构建"指挥一张图"、协同调度、挂图作战、应急预案、勤务值守、指尖指挥等工作模式，狠抓常态值守、重视事前准备、善行事件处置、依靠分析评估，建设指挥调度体系，实现全市各区、各部门应急信息资源整合与共享、综合研判、指挥调度、辅助决策等功能，形成覆盖全市的完整、统一、高效、协同的综合管理与指挥调度体系。综合指挥平台包括"指挥一张图"、协同调度、资源管理、挂图作战、应急预案、勤务值守、指尖指挥、管理后台等模块。

平台构建协同调度、应急预案、资源管理、勤务值守、挂图作战、指尖指挥六大工作模式，提高指挥机构的信息收集、预测研判、科学决策、应急指挥的信息化水平，实现全市各区、各部门应急信息资源整合与共享、综合研判、指挥调度、辅助决策和总结评估等，形成覆盖全市的完整、统一、高效、协同管理与指挥调度体系，实现跨部门在统一指挥调度下的实时感知，确保指令下得去、情报上得来，形成信息数据闭环，满足政府对突发重大事件的管理工作需要。

19）决策支持平台

决策支持平台通过数据中台打通与12345热线中心、来穗网格系统、数字城管、水务、城市部件等系统的数据通道，通过针对结构化数据的综合整理、对非结构化数据的语义分析、图像识别等技术，从各类事件数据中挖掘更多信息。

通过图谱技术，挖掘主体、事件、主体属性间的内在关联和因果关系，从而为城市治理提供更多有效支撑。

平台以集中接报、及时研判、快速响应、统筹指挥、留痕考核的全程闭环管理为目标，利用大数据分析等高新技术实现智能研判，支撑决策支持工作的开展更智能高效。

（3）城市运行管理中枢总底座

"穗智管"城市运行管理中枢总底座，包含了数据中台、AI能力平台、区块链平台、电子印章应用系统、城市运行管理分析简报系统、融合通信平台、交通拥堵态势感知与研判能力、实时人流热力可视化平台、大数据可视化交互底座等内容。通过总底座的建设，能够实现共建共享的数据资源体系，连通市各部门业务系统，打通各级指挥体系，为跨部门、跨区域、跨层级的联勤联动提供高效处置及快速响应的能力。同时，利用区块链技术实现灵活可信的区块链基础平台体系、孪生城市模型体系、统一开放的应用支撑体系、完备可靠的安全保障体系全面提升全市一体化服务能力。

（4）市区两级联动

"穗智管"城市运行管理中枢是全市的城市运行管理中枢，遵循"两级平台"的总体架构，形成全市从城市管理中枢到神经元的联动核心引擎。两级平台是指市级平台和各区区级分平台，遵循各区信息化建设、基层治理及分级管理的理念，市级平台重在抓总体、组架构、定标准，依靠兼容开放的框架，汇集数据、集成资源、指挥调度城市运行事件，提供赋能支撑的能力，初步实现区级平台数据汇聚，打造"穗智管"城市运行管理中枢市区联动试点示范区；区级分平台则围绕"一图N景"城市运行图和"令行禁止、有呼必应"综合指挥平台的建设要求，按照"穗智管"城市运行管理中枢制定的相关标准规范，配合市级平台进行数据及综合指挥等内容的对接，发挥接入分拨和协同联动的作用，形成全社会共建共治新格局。

10.2　基于CIM基础平台的"穗智管"系统应用成效

10.2.1　经济效益分析

1. 通过资源整合和协同应用，节省城市管理成本

"穗智管"城市运行管理中枢项目建设通过整合利用现有资源，协同办公，实现低碳、绿色发展，通过复用城市公共平台资源，统筹城市管理和服务入口，可以为政府节省大量资金，节省城市管理成本，实现城市高效发展。

2. 通过数字基础设施建设，助力城市数字经济的发展

"穗智管"城市运行管理中枢将散落在城市各个角落的"孤岛"数据汇聚起来，通过信息技术的深入应用让政府治理更加高效，市政设施更加有序，公共服务更加便捷。善用现代技术、现代理念、现代思维，夯实城市数字基底，构建中枢神经和智慧大脑，让城市学会思考。将城市运行管理中枢建设成为新的基础设施，助力城市数字经济的发展。

3. 通过公共资源有效变现，促进供给侧结构性改革

"穗智管"城市运行管理中枢强化分散在不同部门的智慧管理系统的整合与互联互通，将分散的数据资源更多集合成为公共有效资源，使政府的权力运行和公共管理事务通过运行管理中枢变得更加公开透明合规可监督，大大提高城市管理、服务的运营效率，使得城市治理真正做到亲民、便民、便企，实实在在地降低城市运营的制度性交易成本，促进城市经济社会生态环境可持续发展。所以说，"穗智

管"城市运行管理中枢建设不仅仅是一个技术工程问题，而是一个有利于提高效率的供给侧结构性改革。

4. 通过高新技术产业集聚，推动生态培育和优化

"穗智管"城市运行管理中枢既是新一代信息技术持续深入应用的示范平台，又是广州市数字经济改革的重头戏，必将推动移动互联、大数据和云计算、数字内容、服务外包和互联网+等特色产业的集聚。广州市面临京港澳大湾区协同发展的难得历史机遇，将积极对接建设网络强国和信息安全国家战略，以打造新一代信息技术产业软件与信息服务业生态为主线，构建由产业、创新、人才、环境组成的系统支持政策体系，推动互联网、大数据、人工智能和实体经济融合发展，将软件与信息服务业打造成为广州市数字产业建设的重要支撑和动力平台。

10.2.2　社会效益分析

1. 发挥资源整合优势，提高公共服务水平，构建服务型政府

"穗智管"城市运行管理中枢通过云计算、大数据、移动互联网等技术进行城市服务入口融合，优化产品设计体验，升级全市政务服务品牌，增强用户黏着性，提高用户量，提升服务质量，向公众提供统一的城市服务入口，为市民提供一体化、全天候的广州城市公众服务站点。整合提升各类应用和服务，加快互联网与政府公共服务体系深度融合，建设面向市民、企业的融合服务体系，提高居民幸福感，推进城市管理、社会治理"碎片式"参与向系统化共建共治转变，为建设智能、宜居、便捷的服务型政府提供支撑。

2. 提升行政效率，提升为人民群众服务质量

随着社会经济的不断发展，人民群众需求越来越高，而对于政府来讲，唯有提供高效率的服务，才能够满足广大群众的需求。通过建立"穗智管"城市运行管理中枢，实现多部门共同分析问题、解决问题的行政目标，实现信息共享和协同办公；助力全市政务人员一起来提升政府行政效能，助推政府治理体系和治理能力的现代化；解决各部门之间所掌握的信息不对称的问题，利用整体的力量，提升为人民服务的质量与水平。

3. 加强数据开发利用，提高政府决策智能化水平

"穗智管"城市运行管理中枢充分利用用户现有数据资源，将不同数据格式之间的海量数据进行汇集整合，结合专业的模型算法加以多维度可视分析，有效挖掘数据背后的价值，对数据萃取的效率和质量进行跟踪监测，对分析操作快速响应，确保系统始终平稳高效运行，为用户业务决策提供有力支撑。最大限度利用现有信息化建设成果，让数据真正可知可感，从而真正为管理者所用，让决策有数可依，

科学地提升决策效率与能力。

4．极大促进城市精细化管理深度发展，绣出城市品质品牌

在新一代信息技术驱动下，"穗智管"城市运行管理中枢在实现城市可持续发展、引领信息技术应用、提升城市综合竞争力等方面具有重要意义。"城市管理应该像绣花一样精细"，在"五位一体"政策背景下，积极采用创新治理理念，运用现代化、智能化科技手段建设"穗智管"城市运行管理中枢破解城市治理难题，可以大大促进城市精细化管理的深度发展，实现基于数据的科学决策，全面提升政府服务治理能力；通过绣花般的细心、耐心、巧心，提高精细化水平，绣出城市的品质品牌，激发广州老市新活力、四个"出新出彩"的新动能。

5．加快城市数字化转型，促进产业生态发展

在广州数字政府改革建设统筹下，加强网络基础设施、信息技术应用、数据资源共享、信息安全一体化构建，打造数字化转型发展生态。关注AI、区块链、大数据、云计算、物联网、5G等新一代信息技术在数字政府改革中的创新应用，深化管理、生产、服务等各领域的融合应用及模式创新，加快政府数字化转型，推进现代城市建设。

10.3　小结

广州市建设"一网统管、全城统管"的"穗智管"城市运行管理中枢是深入贯彻落实习近平总书记关于建设数字中国、网络强国有关重要论述，促进广州超大城市治理能力现代化的重要抓手。广州市委、市政府主要领导亲自研究部署、协调推动，经过近一年的努力，"穗智管"已经搭建起整体框架，开发了"穗智管"大屏、中屏（PC端）、小屏（移动端）系统，建成城市建设、生态、水务、应急等16个应用主题，顺利完成第一、二阶段的任务，基本实现了广州市的"一屏统揽"。

但是，系统建设过程中也面临着一些问题：当前"穗智管"部分主题数据实时性较低、覆盖领域不够，城市运行基础物联网感知设备建设比较薄弱，距离支撑实现预测预警、会商研判还有不小差距，部分场景的建设深度和实用性仍需进一步深化，这些需要"穗智管"在接下来的深化建设中逐步完善。

广州市"数字政府"改革建设工作领导小组（扩大）会议指出，加快推动"穗智管"与"粤治慧"、区级平台对接，推进各业务系统整合和跨部门、跨领域数据共享共用，深化构建城市运行综合"一张图"和数据辅助决策"一张图"。运用云计算、5G、物联网等新一代信息技术，强化"穗智管"平台基础支撑。完成"穗智管"场地建设，出台"穗智管"平台建设运行管理办法。打造20个跨部门、跨领

域的综合治理场景,对城市治理难点实施精细化、可视化治理。

10.3.1 深化系统整合和数据共享

加快"穗智管"平台扩面提质,推动平台与广东省"粤治慧"平台、区级平台对接,实现省市区三级平台联动。进一步推进各行业部门业务系统整合和跨部门数据共享共用,以及社会数据资源的开发利用,结合城市综合运行指标体系,通过时间、空间多维度的综合对比,深化构建城市运行综合"一张图"和数据辅助决策"一张图",使决策更智能、更精准,调控更周全、更完备,评估更有效、更翔实。

10.3.2 强化"穗智管"平台基础支撑

基于海量城市运行大数据和超规模的云计算能力,推动AI智能分析应用中心建设,以应用机器学习算法、人脸识别、位置定位、5G等技术,实现场景引导、智能导办、事件综合图谱分析等"穗智管"平台功能。建设统一的物联网感知设备数据汇聚应用中心,实现感知数据汇聚汇通和共享应用,为"穗智管"平台高效运行提供技术支撑。推进城市信息模型(CIM)建设,推进平台数据资源共享,开展平台标准体系研究,为"一网统管"提供基础支撑。推进智慧广州时空信息云平台的建设,建立智慧广州时空信息云平台数据规范,保持数据鲜活,开展自然资源、不动产登记与"穗智管"的衔接工作。2021年前,完成"穗智管"城市运行管理中枢场地建设,开展"穗智管"平台运营工作,出台"穗智管"平台建设运行管理办法,建立平台标准体系,持续推进通用型标准和各类行业标准建设。

10.3.3 丰富"穗智管"联合治理场景

各区、各部门协同联动,聚焦多元参与的场景,推进"穗好办""穗智管"的一网通办与一网统管打通融合。通过科技和数据赋能,针对城市治理的堵点、难点、盲点场景进行针对性的智能化、精细化、可视化治理,构建"百景"治理新图景。2021年底完成60个应用场景梳理,实现10个以上跨部门协同应用场景创新。

10.3.4 开展"一网统管"试点工作

积极配合省委省政府智慧城市建设综合改革试点工作,做好"一网统管"试点,打造"一网统管"示范区。推进CIM平台建设和BIM技术应用试点,推进各区、街道(镇)、开发区及市属集团运用市级CIM平台,鼓励有条件的区、街道(镇)、开发区及市属集团建设特色CIM业务中台及CIM应用,为"数字孪生"应用奠定基础。

第11章　基于CIM基础平台的智慧工地应用

11.1　基于CIM基础平台的智慧工地应用概况

11.1.1　行业现状

1. 广州市住房和城乡建设局业务情况分析

广州市住房和城乡建设局作为广州市建设行业和房地产市场的主管单位，除了负责建设工程与建筑市场的管理外，还负责对房地产市场的管理。本项目作为新建项目，主要为广州市住房和城乡建设局以下机关处室提供服务，各处室的业务主线如下：

（1）住房改革和保障处

1）拟订全市住房制度改革政策并组织实施，指导、监督全市住房制度改革工作；

2）拟订人才住房政策并组织实施；

3）组织建立和完善住房保障体系，拟订住房保障地方性法规、规章和政策；

4）拟订住房保障准入条件和保障标准、保障性住房租售价格标准；

5）拟订全市住房保障中长期发展规划和住房保障分配计划，并负责指导实施和监督检查；

6）指导、监督住房保障资格审核、分配、后续监管等工作，统筹和规范政府公房管理（直管房除外）。

（2）前期工作处

1）统筹协调住房和城乡建设项目的前期工作；

2）组织编制住房和城乡建设专项规划、近期建设规划并监督执行情况；

3）组织住房和城乡建设项目储备库的建设和管理，编制住房和城乡建设前期项目的年度具体计划并监督执行；

4）组织市级政府投资的住房和城乡建设项目（不含水务、林业园林、交通及特殊工程等）的建设方案联审决策工作；

5）组织编制、审查住房和城乡建设项目的近期实施前期计划、项目建议书、可行性研究报告等立项文件；

6）统筹城市更新项目标图建库和基础数据普查工作，负责组织编制城市更新建设规划，统筹组织城市更新片区策划方案、项目实施方案的编制和审核工作；

7）参与编制保障性住房建设用地储备规划和年度计划。

（3）房屋管理处

1）负责房屋使用和维护（含安全普查、安全鉴定、农村泥砖房改造、应急抢险、白蚁防治等）的监督管理；

2）拟订房屋使用安全地方性法规、规章并组织实施；

3）负责全市防空袭中重点建筑物抢修抢建的管理工作；

4）负责直管房管理工作，负责建设和完善直管房管理体系，拟订直管房管理相关政策措施并组织实施；

5）指导和监督全市各直管房管理单位开展直管房产权、租赁、安全（修缮）管理等工作；

6）负责监督管理国有土地上房屋征收与补偿工作；

7）统筹协调既有建（构）筑物的外立面安全监督管理；

8）负责全市历史建筑修缮监督管理；

9）统筹全市危房改造工作。

（4）房地产业管理处

1）组织拟订全市住房建设规划，拟订房地产开发建设管理的政策并监督执行；

2）负责房地产开发经营的监督管理；

3）负责居住区配套公共服务设施规划、建设、移交、登记的组织协调。拟订和落实全市房地产市场的相关政策，负责房地产市场的监测、分析和研究；

4）负责新建商品房销售、存量房交易和房地产经纪、评估、租赁市场的监督管理；

5）负责商品房预售许可和商品房预售款的监督管理，负责房地产中介服务行业、房地产评估行业、房地产租赁行业的监督管理；

6）参与制定广州市住房公积金管理政策，配合广东省建设行政主管部门对广州市住房公积金管理法规、政策执行情况进行监督。

（5）城市环境建设管理处

统筹城市人居环境改善工作。

1）拟订城市人居环境改善相关地方性法规、规章，制定有关政策、标准和技术规范；

2）组织拟订全市城市人居环境改善项目中长期及年度实施计划，并指导、协

调、监督项目实施;

3）统筹全市照明行业监督管理;

4）拟订城乡照明行业地方性法规、规章,拟订照明相关政策并监督执行,组织编制城乡照明行业专项规划、标准规范并监督执行;

5）统筹指导全市照明建设、维护和管理工作,统筹智慧灯杆和合杆整治工作,负责全市照明维护管理情况的监督和评估。

6）指导和监督城乡照明节能工作;

7）会同应急部门制定应急避护场所建设规范,定期对应急避护场所进行动态检查维护及安全性评估。

（6）公共设施建设管理处

1）负责重点公共设施建设项目建设的综合协调和督办工作。

2）负责机场配套安置区建设;

3）负责地下管线日常综合协调以及监督管理工作,参与地下管线规划、建设、维护、保护以及信息管理等工作;

4）参与地下综合管廊规划编制、信息系统管理工作;

5）统筹协调地下综合管廊项目建设实施和运营管理工作,并制定相应的技术标准和拟订相应的管理制度;

6）指导电力基础设施建设;

7）负责重点区域公共地下空间建设协调工作,参与城市地下空间开发利用管理工作。

（7）城市更新项目建设管理处

1）负责组织城市更新政策创新研究,拟订城市更新项目实施有关政策、标准、技术规范;

2）参与编制城市更新中长期建设规划及年度计划;

3）参与城市更新项目标图建库工作;

4）负责全市城市更新项目的统筹实施、监督和考评。

（8）计划资金处

1）参与提出年度城市建设维护资金安排总计划;

2）拟订保障性安居工程、综合管廊、城市更新、人居环境改善、危房改造及市委市政府交办的重点工程建设或维护的投资管理政策,组织编制相关年度建设投资和维护计划并监督执行;

3）统筹市保障性安居工程、综合管廊、城市更新、人居环境改善、危房改造等市本级政府投资项目的资金使用、初步设计（含概算和概算调整）审查和审批、工程变更预算审批；

（4）拟订保障性安居工程年度建设计划并负责监督检查；

（5）负责城市基础设施配套费征收的监督管理，组织城乡建设统计；

（6）协调有关项目结算、决算和绩效评价工作。

（9）村镇建设处

1）美丽乡村建设的宏观把控，主要落实市委市政府的决策，完成美丽乡村的建设，督促各区完成项目并验收；

2）对中心镇建设的宏观指导，提高中心镇建设的资金使用效率；

3）名镇名村的建设。

（10）物业管理处

1）负责全市物业管理行业的监督管理；

2）拟订行业管理发展规划并组织实施；

3）拟订物业管理地方性法规、规章、规范性文件、行业标准并组织实施；

4）负责物业管理信用体系建设。统筹建设和维护物业管理信用系统、电子投票系统等信息平台；

5）统筹物业专项维修资金监督管理；

6）承担市物业管理联席会议办公室日常工作。

（11）综合项目建设管理处

1）负责市委市政府交办特定项目、特定区域开发建设的综合协调和督办工作；

2）负责保障性安居工程、人才住房等建设项目的统筹协调及其涉及的市本级政府投资建设项目变更技术审查工作；

3）牵头协调住房保障建设任务，协调相关部门落实保障性住房、人才住房等政策性住房配建任务；

4）负责统筹城市更新政府安置房的筹集与分配等管理工作；

5）承担市城建领导小组办公室日常工作。

（12）建筑工程质量安全处

1）拟订房屋建筑工程（含结建式人防工程）质量、安全生产和文明施工管理的政策、规章制度并监督执行；

2）指导和监督全市各区建筑工程（含结建式人防工程）质量安全和文明施工管理工作；

3）负责上级部门下放或委托的相关行政事项；

4）组织或参与较大工程质量安全事故调查和处理；

5）指导和监督建筑材料、建筑构配件、建筑设备等在建筑工程建设中的使用。

（13）消防业务承接组

消防业务承接组业务涉及消防设计审查、竣工验收、备案，其中备案是指不需要进行设计审查和竣工验收的项目，对信息的备案，不涉及审批过程。

（14）建设工程造价管理站

1）负责广州市工程造价和工程发承包计价管理的具体工作；

2）负责建设单位和施工单位未能共同认定的竣工工程结算的调解工作；

3）指导各区、县级市建设工程造价业务工作；

4）辅助机关做好工程造价监督事项的技术性、事务性工作，对广州市工程造价咨询企业从事工程造价咨询活动和有编制资格单位从事最高投标限价（招标控制价）编审活动实施监督检查。

（15）房屋安全管理所

1）负责全市物业专项维修资金的管理工作；

2）负责组织、指导、监督各区分局开展房屋安全管理工作；

3）负责全市房屋白蚁防治管理的日常工作；

4）负责全市直管房屋管理；

5）负责全市房屋应急抢险工作的组织、协调、救援的日常工作。

（16）人防工程建设管理处

1）负责结建式人防工程建设、维护的监督管理；

2）负责结建式人防工程建设的行政审批；

3）负责结建式人防工程专项验收备案工作，参与竣工联合验收；

4）建立和维护全市结建式人防工程基础数据库，负责全市结建式人防工程数据采集和统计工作；

5）会同市委军民融合发展委员会办公室研究制定结建式人防工程的日常维护管理标准；

6）参与制定全市人防工程规划，参与制定市级防空袭方案，参与结建式人防工程立项用地阶段用地清单制定和联审决策会审；

7）指导和监督结建式人防工程人防设施设备的日常维护管理。

（17）房屋安全鉴定管理所

1）对危房改造进行监管；

2）负责历史建筑结构安全的核查；

3）对建筑物玻璃幕墙的监管；

4）对大型在建项目（包括轨道交通、大型工程建设等）周围房屋进行安全监管。

（18）科技设计处

1）指导和推进全市建设科技进步、绿色建筑和建筑节能工作；

2）组织拟订建设领域科技发展规划和政策，推进建设领域标准化工作；

3）负责绿色建筑和建筑节能的发展规划和监督管理；

4）拟订工程勘察设计行业发展政策，制定工程勘察设计行业管理的规章制度并监督执行；

5）指导和监督工程勘察设计市场和质量的管理；

6）负责上级部门下放或委托的相关企业资质核准。组织政府投资建筑工程建设方案联审工作；

7）组织大型建筑工程初步设计审查；

8）组织超限高层建筑工程抗震设防专项审查。

（19）审批管理处

1）组织本部门行政审批制度改革和优化营商环境相关工作；

2）组织本部门政务服务管理工作，负责政务窗口的建设和管理工作；

3）拟订行政许可的规章制度和办事流程并组织实施；

4）协调督办受理案件的审批工作；

5）统筹本部门审批工作；

6）统筹政府信息依申请公开工作，组织政务公开工作。

（20）道路扩建工程管理中心

1）受房屋征收部门的委托，承担城建项目土地和房屋征收与补偿的具体工作；

2）承担城建项目管线迁改的审核鉴证工作；

3）承担城建项目安置房的建设、购置和管理工作；

4）承担上级主管部门交办的有关事项。

（21）建筑节能与墙材革新管理办公室

1）贯彻执行国家、省、市有关建筑节能与墙体材料革新的法律、法规和方针、政策，拟订和组织实施建筑节能与墙体材料革新发展规划、计划，对违反建筑节能和墙体材料有关法律法规的行为向建设行政部门提出处理意见；

2）负责建筑能耗统计、能源审计、能耗监测、能效测评工作，组织绿色建筑推广、既有建筑节能改造、可再生能源建筑应用、农村建筑节能与墙体材料革新推广工作；

3）负责新型墙体材料产品确认和建筑节能材料、产品的备案，组织建筑节能和墙体材料有关的新工艺、新产品、新技术和新设备的推广工作；

4）承担民用建筑节能设计审查备案、验收备案的事务性工作；

5）负责新型墙体材料专项基金的征收和使用管理；

6）负责建筑节能和墙体材料革新调研、科研、技术标准规范拟订、知识宣传教育、技术培训工作；

7）指导、协调各区（县级市）建筑节能和墙体材料革新工作；

8）承担市建筑节能领导小组办公室的日常工作。

（22）住房改革和保障办公室

1）贯彻执行国家、省、市住房保障和住房制度改革的法律、法规和政策，拟订广州市住房保障和住房制度改革的法规、政策以及计划规划等；

2）负责全市保障性住房的建设计划管理和统筹协调，负责保障性住房建设用地征收、储备；负责项目估算、概算、预算、结算管理以及造价控制管理；负责项目设计、策划、招投标及报建等；

3）负责住房保障资格审核、保障性住房的筹集、租售分配和后续监管等；

4）负责企事业单位住房货币分配方案和职工住房货币补贴资格的审核备案，办理涉及房改工作的相关业务等。

2. 其他委办局业务情况分析

（1）广州市水务局

1）贯彻执行国家和省、市有关水行政工作的方针政策和法律法规，组织起草有关地方性法规、规章草案，拟订有关政策措施并组织实施。

2）统筹城区、农村水务建设和管理。根据本市国民经济和社会发展总体规划，组织编制、审核供水建设等水务中长期发展规划及年度计划，并组织实施；组织国民经济总体规划、城市规划及重大建设项目中有关水务的论证工作。

3）统一管理本市水资源（含空中水、地表水、地下水），促进水资源的可持续利用。制定水资源中长期供求计划、水量分配调度方案，并监督实施；负责计划用水工作，组织、指导和监督节约用水工作，保障城乡供水安全；组织实施取水许可制度和水资源费征收工作；发布水资源公报。

4）负责本市供水行业管理。组织实施供水行业特许经营管理制度；监督检查公共供水和自建设施供水单位的供水水质，监督全市供水行业的服务质量与安全生产工作；负责农村通水、改水管理；负责供水突发事件应急管理工作。

5）负责本市排水、污水处理、再生水利用的行业管理。组织实施污水处理、再生水利用行业特许经营管理制度；负责排水许可管理；监督排水行业的服务质量与安全生产工作；负责雨污分流改造工作；指导农村污水处理工作；负责排水突发事件应急管理工作。

6）主管本市河道、湖泊、水库、堤防（包括河涌、人工水道、人工湖），并组织指导整治；负责江河、湖泊、水库及排（污）水管网水量、水质的监测；审定水域的纳污能力，提出水功能区划分，监督本市水环境治理规划的实施。

7）负责本市水政监察和水行政执法工作及有关的行政复议、行政诉讼应诉工作，协调部门之间和区、县级市之间的水事纠纷。

8）负责水务工程建设管理。组织实施国家、省水务技术质量标准和水务工程的规程、规范，起草地方水务工程建设标准并组织实施；组织指导水务工程设施、水域及其岸线的管理和保护；组织建设和管理具有控制性的或跨区、县级市的重要水务工程；负责组织和协调城市建设中涉及水务设施的配套工作；负责水务工程建设和运行的质量与安全监管工作。

9）组织、协调农田水利基本建设和管理；负责本市水土保持工作，防治水土流失。

10）负责编制水务年度建设资金计划并组织实施；监督市本级水务建设资金的使用；指导水务行业多种经营，研究提出水务行业的经济调节政策、措施；指导、监督水务投融资。

11）负责本市水务科技和水务信息化工作，开展水务对外交流与合作。

12）主管防汛防旱防风工作，负责组织、协调、监督、指导防洪抢险和防低温冰冻工作。

13）负责本市水利水电工程移民安置管理工作；协调本市水利水电工程移民后期扶持管理工作。

14）承办市委、市政府和上级主管部门交办的其他事项。

（2）广州市交通运输局

1）贯彻执行国家、省、市有关交通工作的方针政策和法律法规，起草有关地方性法规、规章草案和政策措施并监督实施，拟订交通行业发展战略和规划、物流业具体发展规划并组织实施，指导交通行业有关体制改革工作。

2）负责涉及综合运输体系的规划协调工作，参与本市城市总体规划、控制性详细规划中有关交通规划研究，组织编制综合运输体系规划及相关专项规划并组织实施。

3）负责道路运输、道路运输服务业、公共汽车电车客运、出租汽车客运、轮渡、停车场、汽车租赁、物流业的监督管理和公路路政管理，负责城市轨道交通的运营管理，组织制定相关政策、运营规范并监督实施，监督执行相关准入制度、技术标准，组织实施交通综合行政执法工作。

4）负责组织实施公路建设；负责公路养护维修行业的监督管理，承担由市本级负责的公路养护维修的组织实施工作；负责公共汽车电车客运服务设施、道路运输站（场）的监督管理。

5）牵头组织全市道路交通畅通保障工作，建立大中型城建项目及配套设施交通影响评估制度并组织审查。

6）组织拟订近期交通建设规划并协调组织实施；统筹协调交通运输网络建设，组织指导道路运输站（场）、公共汽车电车客运服务设施等交通基础设施建设。

7）依权限对交通基本建设资金进行监督管理，统筹编制有关市政公用设施维护计划、交通改善工程资金计划并监督实施，按上级交通主管部门的要求统筹编报公路运输枢纽、港航设施建设等有关项目交通运输年度固定资产投资计划，参与编制交通年度建设计划，协调或参与交通建设资金的筹集。

8）负责公路、城市道路收费管理及联网收费的组织协调和监管工作，负责有关交通基础设施特许经营项目投资主体招标投标的组织协调和监管，参与拟订交通行业相关收费标准并监督实施。

9）负责组织协调广州地区多种运输方式的衔接，组织实施重点物资和紧急客货运输、重大节假日期间的旅客运输，承担铁路、民航、港口、邮政等综合运输的协调工作。

10）组织协调制定全市交通行业科技政策、重大科技项目开发、环境保护和节能减排工作，组织交通专业技术职称评审工作，参与交通行业无线电通信管理的相关工作，牵头协调广州电子口岸建设工作。

11）负责全市交通行业安全生产监管和应急管理，参与调查处理交通行业重特大安全事故，协调有关部门做好水上交通安全监管工作。

12）负责本市中小客车指标调控管理工作。

13）受市政府委托管理广州地区交通战备工作。

14）承办市委、市政府和上级交通主管部门交办的其他事项。

（3）广州市公安局

1）贯彻执行中央、省和市有关公安工作的方针政策和法律、法规、规章；起草有关地方性法规、规章草案；统一领导指挥全市公安工作。

2）掌握、分析、预测全市社会治安状况，负责社会治安综合治理有关工作；为市委、市政府和上级公安机关提供社会治安方面的重要信息，并提出对策。

3）组织、指导本市各级公安机关对危害国内安全的案件和刑事、治安案件的侦查工作；组织、协调侦查、处置重大案件和重大事件。

4）负责治安管理工作，协调处置重大治安事件和群体性事件，组织、指导、监督全市公安机关依法查处危害社会治安秩序行为，依法管理户政、出境入境管理事务和外国人在广州境内居留、旅行的有关事务；负责居民身份证的管理工作。

5）依法管理枪支弹药、管制刀具、易燃易爆、剧毒、放射性等危险物品和特种行业。

6）负责全市道路交通安全管理工作，维护道路交通安全和道路交通秩序，承担道路交通事故处理以及车辆和驾驶人的有关管理工作。

7）指导和协调本市交通、林业等部门的公安业务工作；指导和监督国家机关、社会团体、企业事业单位和重点建设工程的治安保卫工作，指导群众性治安保卫组织的治安防范工作；负责对保安行业实施监督管理和业务指导。

8）依法对消防工作实施监督管理；依法实施全市建设工程的消防设计审核、消防验收和备案、抽查、消防安全检查工作；组织、实施灭火救援、公安应急抢险救援工作。

9）组织、指导、协调对恐怖活动的防范、侦查工作，防范、处理邪教组织的违法犯罪活动。

10）负责预审工作和看守所、拘留所、收容教育所等限制人身自由场所的管理工作；依法承担公安机关负责的强制隔离戒毒工作的有关职责。

11）组织、实施对来穗的党和国家领导人、重要外宾以及省、市主要领导和知名人士的安全保卫工作。

12）组织实施公安科学技术工作；规划公安机关指挥系统、通信、信息技术、刑事技术和消防技术等建设；为全市公安机关提供信息、技术、通信、后勤、装备等服务。

13）负责对公共信息网络的安全保护工作，负责信息安全等级保护工作的监督、检查、指导。

14）负责全市公安机关人民警察队伍的统一管理，具体组织实施公安机关人民警察的教育培训和公安宣传工作，按规定权限管理干部人事工作。

15）指导、检查、督促本市各级公安机关的执法活动；组织实施纪检、监察、督察和审计工作；指导全市公安队伍思想作风、工作作风建设工作。

16）承办市委、市政府和上级公安机关交办的其他事项。

（4）广州市应急管理局

1）负责应急管理工作，指导全市各区各部门应对安全生产类、自然灾害类等突发事件和综合防灾减灾救灾工作，负责安全生产综合监督管理和工矿商贸行业安全生产监督管理工作。

2）拟订应急管理、安全生产等政策，组织编制市应急体系建设、安全生产和综合防灾减灾规划，拟定相关地方性法规、规章草案、规程和标准并组织实施。组织编制城乡应急空间、应急避难场所的规划。

3）统筹全市应急预案体系建设，建立完善事故灾难和自然灾害分级应对制度，综合协调应急预案衔接工作，组织编制、修订市总体应急预案和安全生产类、自然灾害类专项预案，组织开展演练，推动应急避难设施建设。

4）牵头建立统一的应急管理信息系统，负责信息传输和信息共享，建立监测预警和灾情报告制度，健全自然灾害信息资源获取和共享机制，依法统一发布灾情。

5）组织指导应对突发事件工作，组织指导协调安全生产类、自然灾害类等突发事件应急救援，承担市应对较大灾害指挥部工作，综合研判突发事件发展态势并提出应对建议，协助市委、市政府指定的负责同志组织灾害应急处置工作。

6）统一指挥协调全市各类应急专业队伍，建立应急协调联动机制，推进指挥平台对接，提请衔接解放军和武警部队参与应急救援工作。

7）统筹应急救援力量建设，指导各区及社会应急救援，按中央有关消防救援管理体制改革部署，协调消防管理工作。

8）指导协调森林火灾、水旱灾害、冰冻、台风、地震和地质灾害等防治工作，负责自然灾害综合监测预警工作，指导开展自然灾害综合风险评估工作。

9）组织协调灾害救助工作，组织指导灾情核查、损失评估、救灾捐赠工作，按权限管理、分配救灾款物并监督使用。

10）依法行使安全生产综合监督管理职权，指导协调、监督检查市有关部门和各级政府安全生产工作，创新和加强安全生产综合监管。

11）按照分级、属地原则，依法监督检查工矿商贸生产经营单位贯彻执行安全生产法律法规情况及其安全生产条件和有关设备（特种设备除外）、材料、劳动防护用品的安全生产管理工作。依法组织并指导监督实施安全生产准入制度。负责危险化学品安全监督管理综合工作和烟花爆竹经营企业安全生产监督管理工作。

12）依法组织指导生产安全事故调查处理，事故查处和责任追究落实情况，组织开展自然灾害类突发事件的调查评估工作。

13）开展应急管理的交流与合作，组织参与安全生产类、自然灾害类等突发事件的跨区域救援工作。

14）制定应急物资储备和应急救援装备规划并组织实施，牵头建立健全应急物资信息平台和调拨制度，负责在救灾时统一调度。

15）负责应急管理宣传教育和培训工作。组织开展应急管理信息化应用工作。

16）完成市委、市政府和上级相关部门交办的其他任务。

17）职能转变。市应急管理局应加强、优化、统筹全市应急能力建设，构建全市统一领导、权责一致、权威高效的应急能力体系，推动形成统一指挥、专常兼备、反应灵敏、上下联动、平战结合的应急管理体制。一是坚持以防为主、防抗救结合，坚持常态减灾和非常态救灾相统一，努力实现从注重灾后救助向注重灾前预防转变，从应对单一灾种向综合减灾转变，从减少灾害损失向减轻灾害风险转变，提高全市应急管理水平和防灾减灾救灾能力，防范化解重特大安全风险。二是坚持以人为本，把确保人民群众生命安全放在首位，确保受灾群众基本生活，加强应急预案演练，减少人员伤亡和财产损失。三是树立安全发展理念，坚持生命至上、安全第一，完善安全生产责任制，坚决遏制重特大安全事故。

（5）广州市城市管理综合执法局

1）拟订城市管理和综合执法地方性法规规章草案、政策措施和管理标准规范，并组织实施和监督检查。

2）制定城市管理和综合执法发展战略、总体规划、中长期发展规划、专项规划和年度计划，并组织实施。

3）负责全市城市管理和综合执法工作的组织指导、统筹协调、监督检查和考核评价。指导市直有关部门和区开展城市管理和综合执法工作，负责城市管理和综合执法监控、指挥、调度和应急处置。

4）负责全市城市容貌、户外广告招牌设置监督管理。统筹研究和组织实施城市容貌、户外广告招牌设置管理的法律法规和政策，指导全市城市容貌景观的品质提升。会同市城乡规划行政管理部门组织编制户外广告专项规划。负责市容环境卫生责任区制度监督落实。

5）负责全市环境卫生监督管理。拟订环境卫生作业标准规范，组织全市环境卫生综合整治。负责文明施工管理的组织协调，组织实施建设工程文明施工管理有关规定。

6）负责对生活垃圾的收集、运输和处理实施监督管理。统筹全市生活垃圾分类管理，推进生活垃圾减量化、资源化、无害化。

7）负责城镇燃气行业监督管理。制定城镇燃气发展规划，拟订城镇燃气技术标准规范，统筹协调城镇燃气供应保障、安全生产、经营秩序、设施运营、服务质量、设施保护的监督管理。

8）负责市本级和指导区垃圾终端处理设施的运营监管。组织实施市本级市容环卫设施建设、验收和移交，对工程变更、技术改造等实施审查、审批。指导区市容环境卫生设施建设，监督协调市容环卫、城镇燃气行业设施建成接收后的日常管理和维护。

9）协调、监督、考核区和市相关部门对井盖设施的维护管理工作，督促、检查井盖设施权属单位、市相关部门和区人民政府履行井盖设施维护管理职责和开展应急处置工作。

10）负责全市行政区域内水域市容环境卫生监督管理。负责全市行政区域内建筑废弃物监督管理。负责粪便、死禽畜、变质肉类等无害化处理的监督管理。

11）制定城市管理和综合执法工作规范、行为规范，承担市本级城市管理和综合执法行政诉讼工作，承担城市管理和综合执法行政复议工作，组织城市管理和综合执法业务培训、综合考核，负责城市管理和综合执法普法教育、宣传工作。

12）负责全市城市管理综合执法的业务指导、统筹协调、监督检查。监督指导全市城市管理综合执法依法、规范、文明执法。负责珠江主河道广州段的水上市容环境卫生综合执法。

13）制定城市管理和综合执法的科技发展、信息化建设规划并组织实施，统筹城市管理和综合执法重大科技项目攻关、成果推广、新技术引进，以及数字化、智慧化城市管理平台的建设和管理。

14）指导城市管理系统行业协会工作。统筹推进城市管理公共服务市场化、社会化、专业化和产业化。

15）完成市委、市政府和上级相关部门交办的其他任务。

16）职能转变。负责对区城市管理综合执法的业务指导、统筹协调、监督检查和考核评价，区城市管理和综合执法部门具体负责城市管理综合执法。将广州市白云山风景名胜区特别保护范围及重点地区、空港经济区重点开发区域和白云机场综合保税区的城市管理综合执法工作下放到区，实行属地管理。

（6）广州市重点公共建设项目管理中心

1）负责市政府委托的工程建设项目的组织实施工作。

2）协助项目使用单位组织相应工程建设项目的可行性研究、办理项目立项、编制设计任务书等前期工作。

3）负责广州大学城和广州白云国际会议中心建设收尾的有关工作。

4）承办市委、市政府交办的其他任务。

（7）广州市工业信息局

1）贯彻执行国家、省、市有关工业和信息化的法律、法规和方针、政策，起草有关地方性法规、规章草案；研究提出全市新型工业化发展战略，推进信息化和工业化融合、军民融合发展。

2）拟定并组织实施工业、信息化领域的发展规划、计划及有关产业政策；组织拟定相关产业技术规范和标准并实施；指导工业企业加强质量管理，组织实施名牌带动战略，指导相关行业加强安全生产管理。

3）监测分析工业、信息化领域运行态势并做好相关信息发布，负责牵头解决相关重大问题；组织协调全市煤炭、电力、成品油等供应；负责工业、信息化领域的应急管理和产业安全有关工作。

4）执行有关固定资产投资政策，编制并组织实施工业、信息化领域企业技术改造等专项资金投资计划，按规定程序办理需审批、核准、备案的企业技术改造、技术创新投资项目，提出促进工业、信息化领域企业技术改造、技术创新的措施和意见。

5）指导工业、信息化领域的技术进步、技术创新、技术引进、消化吸收和再创新工作；负责牵头推进智能制造业发展；负责推动工业、信息化领域的生产性服务业发展。

6）拟定并组织实施工业、信息化领域的能源节约、循环经济、资源综合利用、促进清洁生产的专项规划及政策措施；组织协调以节能降耗为主要内容的新产品、新技术、新设备、新材料的推广应用；推动循环经济系统工程建设；组织协调节能环保产业发展。

7）拟定并组织实施工业、信息产业园区的规划建设和政策措施；指导相关产业集聚集约发展，调整优化产业布局；承担工业、信息产业园区提质发展、扩能增效工作；研究、协调工业、信息产业园区发展中的重大问题、提出政策建议。

8）负责牵头做好培育大型骨干企业工作；负责中小微企业和民营经济发展的宏观指导和服务；组织拟定促进中小微企业和民营经济发展的政策措施，组织解决有关重大问题。

9）负责牵头推进国民经济和社会信息化工作，组织指导经济社会领域的信息化应用；推进信息技术和互联网的普及应用；推进智慧城市建设；负责综合汇总全市信息系统年度投资计划，审核市政府投资的信息化项目。

10）负责统筹全市信息化基础设施（含电子政务网络、信息资源共享交换体系、信息资源公开服务体系、基础信息资源库、政务信息资源数据中心等公共基础设施）的建设和管理；组织协调通信管线、站点、公共通信网规划；推进服务信息网络的资源共享和互联互通；协调推进国家、省、市重点信息化工程。

11）负责信息安全的统筹规划和协调管理；组织协调信息安全保障体系和网络信任体系建设；协调政府部门、重点部门做好重要信息系统与基础信息网络的安全保障工作。

12）配置和管理无线电频谱资源，依法监督管理无线电台（站）；负责组织本市辖区内的无线电监测、检测、干扰查处工作，组织处理电磁干扰事宜，维护空中电波秩序，依法组织实施无线电管制。

13）拟定并组织实施军民结合发展规划和政策措施；按管理权限负责民用爆炸物品安全生产、销售的监督管理。

14）负责大数据研究、规划和应用；指导和协调工业、信息化领域的对外交流与合作。

15）承办市委、市政府交办的其他事项。

（8）广州市生态环境局

1）拟订生态环境保护地方性法规、规章草案。会同有关部门编制并监督实施生态环境相关规划、区划，制定生态环境保护技术规范。

2）负责重大生态环境问题的统筹协调和监督管理。牵头协调较大环境污染事故和生态破坏事件的调查处理，指导协调区政府对较大突发生态环境事件的应急、预警工作，会同有关部门实施生态环境损害赔偿制度，协调解决有关跨区域环境污染纠纷。

3）负责监督管理减排目标的落实。组织制定全市污染物排放总量控制计划并监督实施，监督检查各区和有关单位污染物减排任务完成情况。组织实施排污许可管理制度。实施生态环境保护目标责任制。

4）负责提出生态环境领域固定资产投资规模和方向的建议。组织申报中央、省生态环境专项资金。会同有关部门管理生态环境专项资金。配合有关部门做好生态环境专项资金使用的监督管理和绩效评价等工作。

5）负责环境污染防治的监督管理。监督管理大气、水、海洋、土壤、噪声、光、恶臭、固体废物、化学品、机动车等的污染防治工作。会同有关区政府、部门监督管理饮用水水源地生态环境保护工作，组织指导城乡生态环境综合整治工作，监督指导农业面源污染治理工作。监督指导区域大气和水环境保护工作，组织实施区域大气和重点流域、海域污染联防联控协作机制。

6）指导协调和监督生态保护修复工作。组织编制生态保护规划，监督对生态环境有影响的自然资源开发利用活动、重要生态环境建设和生态破坏恢复工作。监督自然保护区生态环境保护、湿地生态环境保护等工作。指导协调和监督农村生态环境保护，监督生物技术环境安全保护工作，牵头生物物种（含遗传资源）保护工作，组织协调生物多样性保护工作。参与生态保护补偿工作。

7）负责民用核与辐射安全的监督管理。参与核应急管理和辐射环境事故应急处理工作。协助国家、省监督管理核设施安全，监督管理放射源安全，监督管理民用核设施、核技术应用、电磁辐射、伴有放射性矿产资源开发利用中的污染防治。

8）负责生态环境准入的监督管理。受市政府委托对重大经济和技术政策、发展规划以及重大经济开发计划进行环境影响评价。按管理权限审批或审查开发建设区域、规划、项目环境影响评价文件。拟订并组织实施生态环境准入清单。

9）统筹生态环境监测工作。组织开展生态环境执法监测、污染源监督性监测、温室气体减排监测、应急监测，调查评估全市生态环境质量状况并进行预测预警。

10）负责应对气候变化工作。组织拟订应对气候变化及温室气体减排规划和政策。承担碳排放权交易管理等工作。协调开展应对气候变化对外合作和能力建设。

11）统筹生态环境保护执法工作。组织开展全市生态环境保护执法活动。组织查处生态环境违法问题。负责全市生态环境保护综合执法队伍建设和业务工作。

12）组织指导和协调生态环境宣传教育工作。组织实施生态环境保护宣传教育纲要，推动社会组织和公众参与生态环境保护。

13）组织开展生态环境科技工作。组织生态环境科学研究，推动生态环境技术管理体系建设。参与指导推动循环经济和生态环保产业发展。

14）开展生态环境合作交流。组织开展对外及对港澳台的生态环境合作交流，组织协调本市推进粤港澳大湾区生态环境保护工作。参与处理涉外生态环境事务。协助开展生态环境国际条约履约相关工作。

15）完成市委、市政府和上级相关部门交办的其他任务。

16）职能转变。市生态环境局应当统一行使监管生态破坏和城乡各类污染排放及行政执法职责，切实履行监管责任，全面落实大气、水、土壤污染防治行动计划，严格执行国家进口固体废物环境管理制度。构建政府为主导、企业为主体、社会组织和公众共同参与的生态环境治理体系，实行最严格的生态环境保护制度，严守生态保护红线和环境质量底线，坚决打好污染防治攻坚战，持续改善生态环境质量。

（9）广州市政务服务数据管理局

1）负责组织起草全市政务服务和政务信息化管理相关政策和地方性法规、规章草案并组织实施。拟订并组织实施政务服务和政务信息化发展战略、中长期规划和年度计划等。

2）负责统筹推进全市审批服务便民化相关工作。参与全市行政审批制度改革相关工作，负责全市政务服务事项目录管理和标准化建设。协调和优化跨地域、跨部门、跨层级事项审批服务工作。

3）负责统筹推进全市政务服务体系建设。负责统筹管理市政务服务大厅工作，协调各进驻部门之间、办事窗口与进驻部门之间的工作。负责监督市级政务服务工作。指导各区政务服务工作。牵头负责广州12345政府服务热线建设管理工作。

4）负责统筹全市政务信息化建设和管理工作。统筹推进"数字政府"改革建设，负责"数字政府"平台建设运维资金管理工作。负责对市级政务信息化项目建设实施集约化管理，统筹协调市级部门业务应用系统建设，负责市财政资金建设的政务信息系统项目立项审批。负责电子政务基础设施、公共平台建设管理。指导各区政务信息化工作。负责全市政府网站、政务新媒体发展的统筹规划和监督考核。

5）负责政务服务、电子政务标准体系建设和相关标准规范的制定工作，推进全市政务服务和电子政务标准化工作。

6）组织协调推进政务数据资源共享和开放工作。统筹政务数据资源的采集、分类、管理、分析和应用工作。

7）统筹全市电子政务基础设施、信息系统、数据资源等安全保障工作，负责"数字政府"平台安全技术和运营体系建设，监督管理市级信息系统和数据库安全工作。

8）负责全市公共资源交易管理相关工作。负责全市网上中介服务超市的管理工作。

9）组织、协调、督办全市重点项目代办服务工作，指导各区开展重点项目代办服务工作。宣传推介广州政务环境和投资环境，协助市政府有关部门、行业组织与国内外相关机构进行业务交流。

10）完成市委、市政府和上级相关部门交办的其他任务。

（10）广州市林业和园林局

1）拟订林业和园林绿化工作方面的政策、规划、标准并组织实施，组织起草相关地方性法规、政府规章草案。

2）制定林业和园林绿化发展中长期规划和年度计划，编制绿地系统规划、林业和园林专项规划。组织制定行业管理标准和规范，并统筹实施。

3）组织林业生态保护修复和造林绿化工作。组织实施林业重点生态保护修复工程。组织、指导生态公益林划定和公益林保护管理。统筹、指导和监督天然林保护、植树造林、封山育林、退耕还林等工作。

4）指导、监督城乡绿化美化工作。组织实施园林绿化重点工程。组织、协调重大活动的绿化美化及环境布置工作。统筹全市绿道建设。

5）负责林业和园林绿化管理工作。组织全市公共绿地、绿道的养护和管理，统筹绿化应急抢险工作。指导、监督公园和自然保护地的行业管理，拟订公园分级管理标准和规范并组织实施。监督、指导公园、自然保护地的建设和管理，负责公园、自然保护地资源调查和评估工作。

6）负责湿地资源的监督管理。指导全市湿地保护工作，组织实施湿地生态修复、生态补偿工作，管理国家和省市重要湿地，指导建设湿地公园。组织开展湿地资源动态监测与评价工作。

7）负责野生动植物资源监督管理工作。组织实施野生动植物资源调查。指导、监督野生动植物的救护繁育、栖息地恢复发展、疫源疫病监测。监督管理野生动植物猎捕或采集、驯养繁殖或培植、经营利用等工作。承担生物多样性保护相关工作。

8）负责森林和绿地资源的监督管理。组织、指导编制林木采伐限额，监督检查林木凭证采伐、运输。负责森林资源动态监测与评价。负责森林资源利用、木本花卉、林木种苗等行业管理。依法组织开展林木种质资源保护工作，组织、指导林业和园林有害生物的监测、检疫和防治工作。

9）负责林业和园林绿化科技相关工作。组织指导相关重大科技项目的研究、开发和推广利用。负责组织、指导、协调林业碳汇工作。负责对外交流与合作。

10）组织、指导、监督林业和园林行政执法工作。组织、指导、监督林业和园林绿化行政许可及后续监管工作。指导和管理本市森林公安工作，指导、组织林业和园林违法案件的查处，依法行使相关行政执法监督工作，指导林区社会治安治理工作。

11）负责林业和园林改革相关工作。组织、协调和指导林业和园林绿化产业发展。规范林业和园林绿化市场的管理。指导协调开发森林旅游。指导集体林权制度改革，指导林下经济和花卉产业的发展。

12）负责落实综合防灾减灾规划相关要求，编制森林火灾防治规划、防护标准并指导实施。指导开展防火巡护、火源管理、防火设施建设等工作。组织指导市属国有林场开展宣传教育、监测预警、督促检查等防火工作。指导、监督林业和园林行业安全工作。

13）负责林业和园林绿化的法治宣传教育工作。

14）监督管理林业、园林资金和国有资产，提出林业、园林绿化预算内财政性资金安排建议，按市政府规定权限，审核市规划内和年度计划内投资项目。组织实施林业生态补偿工作。监督指导林区公路建设和管理。

15）负责广州地区绿化委员会的日常工作。负责全民义务植树活动的宣传发动、组织协调、监督检查和组织实施评比表彰工作。负责古树名木的保护管理。

16）完成市委、市政府和上级相关部门交办的其他任务。

11.1.2　问题分析

1. 施工质量安全信息化存在不足

目前市住房城乡建设局对于工程项目的直接管理由工程质量监督站和安全监督站来执行。安全监督站和质量监督站每年要监管项目数百个，涉及投资数百亿元，巡查工地量大。在各级领导的重视和要求下，建筑工程管理信息化建设工作已取得明显成效。建筑工程安全生产管理在不断加大监督力度及监管手段的促进下，安全隐患近年来虽总体上有所趋缓，但总体信息化建设却还是相对不足。

安全监督站和质量监督站的管理人员目前仍然需要依靠人力巡查的方式走访各个工地，在监管项目多、任务重的情况下经常会遇到人手不足的情况。在巡查过程中缺乏智能监控手段，管理过程中仅仅依靠填报的文字信息，难以对问题本身有更直观的认识。项目监控实时性不够，对重点工程和风险较大的项目管理要求不断提高，仅靠人力巡查难以及时、快速发现问题。

2. 竣工图备案尚存提升空间

建筑工程竣工验收则是由相关工作人员到施工现场对比二维图纸进行竣工验收，主要存在以下问题：

（1）需在室内准确地确认图纸与实际位置；

（2）要对比多张图纸才可以判断一个建筑构件是否与图纸一致，工作量巨大。工作人员同时也由于工作量大，而难以人工将竣工模型与规划模型、施工模型进行对比；

（3）竣工验收时使用的图纸为施工单位出具的竣工图，而施工过程中可能存在图纸变更，与经过审批的设计图可能存在不一致的情况，所以图纸变更难以有效监管。

11.1.3　需求分析

在现有二维竣工数字备案系统上增加BIM模型的竣工报审接口，建立相关的规范制度，具备能够通过三维模型进行竣工验收的能力，并且通过平台的支持，能够减少原二维竣工验收时简单重复的工作，通过智能化、数字化的手段提升竣工验收工作质量。

11.1.4　建设目标

1. 实现工程建设项目全流程三维数字化智能审批

推进规划审查、建筑设计方案审查、施工图审查和竣工验收备案四个阶段三维数字化模型交付和审查，进一步加强行政审批的标准化、规范化，提高审批效率。

2. 促进城市建设管理领域的三维数字化智能管理

汇聚三维BIM审批信息、现状城市三维信息模型、各部门业务信息、"四标四实"等数据，形成全市"一张三维底图"，提升交通、水务、园林、市政等城市建设领域信息化管理水平，推进城市"规建管营"全生命周期协同智能管控。

3. 提升智慧城市建设和应用水平

CIM平台建成后，将成为广州市工程建设项目审批制度改革的智能平台，智慧城市的基础平台，城市建设管理的操作平台和城市体检的实践平台。

11.2 基于CIM基础平台的智慧工地系统设计与实现

11.2.1 总体设计

基于CIM基础平台的智慧工地系统，形成了在建工程过程基于CIM施工质量安全智慧监管应用，竣工阶段基于CIM竣工图数字化备案管理，包括施工质量安全管理子系统和竣工图数字化备案子系统。

施工质量安全管理子系统主要实现基于CIM平台的智慧工地监管功能集成和CIM平台的辅助监管和决策功能。结合广州全市建筑工程质量安全监管职能要求，以全市在建工程质量安全监管为切入口，全市在建工程的质量安全过程监管应用，包括对全市在建工程的总体监管；对具体单个工程的信息关联展示，物联网设备智能监测数据接入，基于CIM的质安巡检的业务监管应用。竣工图数字化备案子系统主要实现基于CIM平台的工程档案管理、竣工验收备案管理及CIM平台扩展应用数据支撑等功能。

基于CIM平台的智慧工地系统功能组成及关系如图11-1所示。

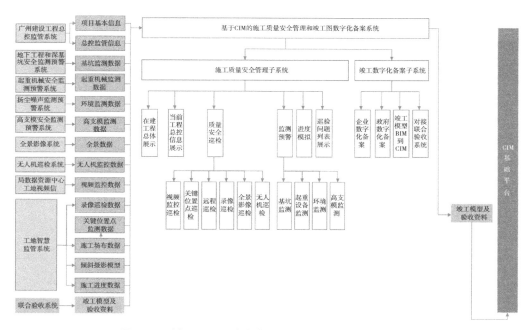

图11-1 基于CIM平台的智慧工地系统功能组成及关系

11.2.2 子系统、模块功能及界面设计

1. 在建工程质量安全管理

（1）全市在建工程总控监管

在平台CIM地图上标记全市在建工程，可以查看全市各区的在建工程分布情况；按照工程生命周期，分别展示不同阶段各在建工程的工程性质、合同价格、建设规模、工程进度、建设单位和工程地址等信息，同时可以查看各区的工程排名情况。

1）基于CIM平台的总控展示

全市在建工程的总体情况、工程分布情况整合、工程全生命周期概览后工程数据资源，集中将工程的全过程数据进行基于CIM平台的汇总展示，便于领导从整体上了解工程的概况，如图11-2所示。

2）基于CIM平台的工程信息关联

通过互联网CIM地图，实现对全市工程在施、在监、停工、完工等情况进行查看，同时可以实现基于地图汇聚各区的工程概况，并对工程进行查询定位，查找到工程后可以对工程进行详细信息的查看。按照工程管理分类汇集了施工许可工程、施工登记工程、临时工程、房建工程、轨道交通工程、市政工程、单体等信息。点击可以查看详细信息，同时按照工程的建设环节对各环节数据进行了详细的汇总展示，针对涉及参与的企业，可以关联查看企业信息。

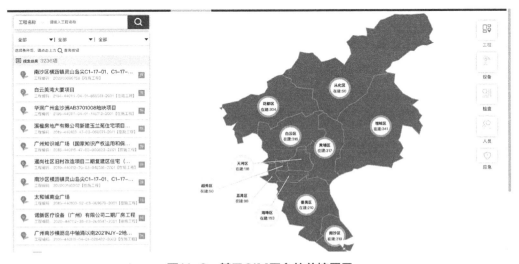

图11-2 基于CIM平台的总控展示

①基本信息

通过CIM地图的展现方式，实现可视化查看单体工程的建设地址、BIM模型，基于BIM模型关单体工程联工程性质、合同价格、建设规模、工程进度、建设单位和工程地址等工程的全方位详细信息。

单体工程搜索定位，通过CIM地图展示方式，搜索工程名称可在地图上定位到工程的建设地点，实现可视化查看工程的合同价格、建设地点、工程性质、工程类别等详细信息，单体项目的选择与展示分别如图11-3、图11-4所示。

图11-3　单体项目选择

图11-4　单体项目信息展示

②基于CIM工程手续办理关联

实现可视化查看工程的手续办理情况，包括规划许可证、施工许可证等各种手续的办理时间、机关等详细信息。

按照工程生命周期，分别从合同、施工许可、安全监管、质量监管和竣工备案方面显示工程不同阶段的详细信息，同时可以查看施工许可、竣工备案的详细信息。

③参建主体责任单位与CIM模型关联

对参与工程建设过程的建设单位、施工单位、监理单位、设计单位和勘察单位等企业进行详细信息展示，可以查看企业的组织机构代码、责任人、企业资质等级、参建内容等详细信息。

④执法信息与CIM模型关联

通过执法检查单和处罚记录两个维度，展示工程的执法信息。按照各类检查指标，可以查看工程不同的执法信息。

⑤通过CIM模型展示工程进度信息

通过CIM平台展示方式，根据未开工、在施、停工、完工预验收、竣工等工程进度，按照不同颜色在地图上显示工程分布情况。

⑥基于CIM模型现场视频智能控制

通过视频的展示方式，可以查看工程的施工现场详情。

⑦视频监控点分布

通过CIM地图展示方式，可以在地图上显示施工现场视频监控点的分布情况。

3）基于CIM模型施工场地布置监管

①起重设备分布

通过CIM地图展示方式，可以在地图上显示起重设备的数据分布情况，可以查看起重设备的备案、安装、历史使用过的工程、检修记录等详细信息。

②基坑分布

通过CIM地图展示方式，可以在地图上显示各区基坑报警设施分布情况，可以查看项目的基坑清单及项目详细信息。

③高支模分布

通过CIM地图展示方式，可以在地图上显示各区高支模报警设施分布情况，可以查看项目的高支模清单及项目详细信息。

④扬尘噪声监测点分布

通过CIM地图展示方式，可以在地图上显示各区扬尘噪声监测点的分布情况，可以查看扬尘噪声的详细信息。

⑤材料堆放区分布

通过CIM地图展示方式，可以在地图上显示材料堆放区的分布情况，可以查看堆放区材料的详细信息。

⑥办公区分布

通过CIM地图展示方式，可以在地图上显示施工现场办公区分布情况及详细信息。

⑦生活区分布

通过CIM地图展示方式，可以在地图上显示施工现场生活区分布情况及划分详细信息。

⑧车辆、人员出入口

通过CIM地图展示方式，可以在地图上显示施工现场车辆出入口及人员出入口分布情况。

⑨施工作业区

通过CIM地图展示方式，可以在地图上显示施工现场施工作业区分布情况。

（2）工程质量检测监管

基于CIM平台实现对全市工程质量检测的监管，实现工程质量检测构件、区域或者楼层的选取、工程质量检测数据和报告与CIM模型的关联查看。

1）展现工程质量检测与CIM模型的对应关系

实现工程质量检测在CIM模型上按构件、区域或者楼层进行选取，展现工程质量检测与CIM模型的对应关系。

2）工程质量检测数据与CIM模型关联

基于选取的CIM构件、区域或者楼层，展示工程质量检测数据或报告与CIM模型的关联情况。

3）基于CIM模型的检测数据查看

通过CIM模型实现工程检测数据的形象化展示、直接查看。

（3）工程质量安全监督检查

基于CIM平台的工程质量安全监督检查、现场执法等应用。执法人员在移动端实现工程选取、查看，并展现工程项目现场采集数据、现场执法、反馈信息，跟踪和监督整改落实情况等，并对检查结果数据进行可视化查看，如图11-5所示。具体实现以下功能：

1）实现工程现场采集数据、现场执法、反馈信息，跟踪和监督整改落实情况在CIM模型上的选取，展示工程质量检测与CIM模型的对应关系；

2）通过CIM模型实现现场采集数据、现场执法、反馈信息，跟踪和监督整改落实情况数据的形象化展示、直接查看，并与具体对应的构件、区域或者楼层形成对照关系；

3）实现工程建设过程中的分部分项工程的竣工验收资料与竣工模型的关联。

（4）无人机工地巡查

CIM平台接入在建工程的无人机工地巡检作业成果数据，将无人机拍摄影像与CIM模型无缝叠加，提供施工进度的管理与比照。

1）无人机工地巡检模型与CIM模型叠加

无人机工地巡检模型作为独立层与CIM模型进行技术叠加，实现在建工程阶段性实际情况与CIM模型结合，并生成时间轴，动态展示不同时期的工地阶段性模型，更真实地反映在建工程进度情况。

2）无人机工地巡检建模的实际现状与基于CIM模型的进度比对

图11-5 移动端工程质量安全监督检查

以无人机特定时段巡检建模的工程实际进度与基于CIM模拟的进度计划进行进度比对，实现对工程进度的有效监管，如图11-6所示。

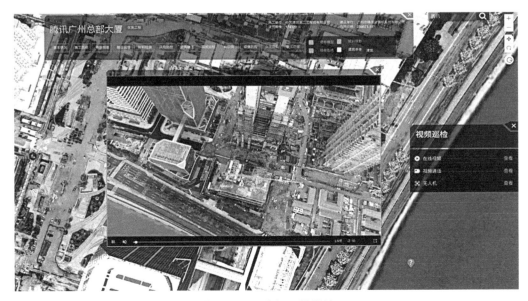

图11-6 无人机工地巡检

（5）起重机械安全监控

基于CIM平台展现在建工程起重机械安全监控设施的位置、在施工现场分布情况，三维动态展示起重机的工作状态，包括风度、转动、提升的状态，同时基于CIM模型展示监控实时数据，包括关联调试验证记录、状态限制报警、特种作业人员上岗考勤及开机记录等信息，基于CIM平台展现起重机械安全监控，如图11-7所示。

图11-7　起重机械安全监控

1）实现在CIM平台中展现工程起重机械在工地现场的数量及分布情况；

2）实现对起重机械工作状态的动态展示，包括机械臂的转动情况、风力、起重机的提升状态等实时情况；

3）实现起重机械调试验证记录、状态限制报警、特种作业人员上岗考勤及开机记录等信息与CIM模型的关联。

2．竣工BIM模型登记

（1）登记模块

在系统中选择相应项目名称，关联相应工程的验收BIM模型。

（2）查看模块

在系统中选择相应项目名称，即可查看相应工程的验收模型，如图11-8所示。

3．模型对比

（1）模型比对

调用CIM基础平台的模型比对功能接口，验收人员在系统中点击"对比"，出现左右两个窗口，将对施工模型与竣工模型进行对比，比较变更部位，如图11-9所示，方便验收人员随时获取整个项目施工设计图纸变更部位等信息。

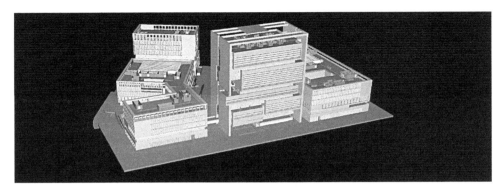

图11-8　模型查看

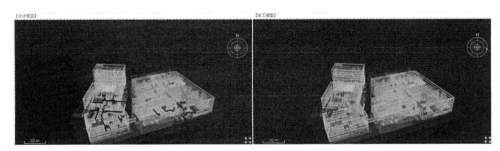

图11-9　模型比对

（2）差异显示

对比两个版本模型后，将发生变化的部分进行特殊标记显示，显示变更部分的类型：尺寸变更、位置变更等，且标记显示方式支持自定义，如图11-10所示。

（3）变更参照

提供以接口形式对接基于CIM的变更管理模块，实现工程建设的变更单与施工

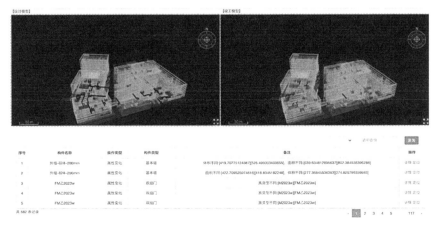

图11-10　差异显示

模型的对应关联。提供基于BIM模型变更单管理的模型比对参照。竣工模型与施工模型进行比对时，进行差异显示及特殊标记，对于标记出来的差异进行分析，若是变更引起的差异则以关联在施工模型上的变更单为准，查看变更单作为模型差异的参考评定依据。提供支持施工模型在与竣工模型比对的过程中自动预警，自动提示发生变更信息。

4. 验收资料模型关联与档案管理

（1）分部分项验收资料的关联及查看

提供以接口形式对接质量巡检过程中的分部分项验收与竣工模型关联的验收资料；提供在竣工验收阶段基于竣工验收模型关联的分部分项验收资料的查看，作为竣工验收的辅助资料。

（2）竣工图纸关联

提供建设单位的竣工验收模型与竣工图纸对应关联；提供依据模型关联的图纸指导竣工验收审查，并作为竣工验收依据。

（3）其他资料关联

提供以接口形式将竣工验收过程中各部门竣工相关的其他资料与竣工模型关联；提供建设单位提交的其他资料与竣工模型对应关联；提供依据模型关联的其他资料指导竣工验收审查。

（4）电子档案归档

提供以接口形式将竣工验收各部门的档案进行上传及归档；提供索引功能，便于竣工验收各部门对电子档案进行管理，如图11-11所示。

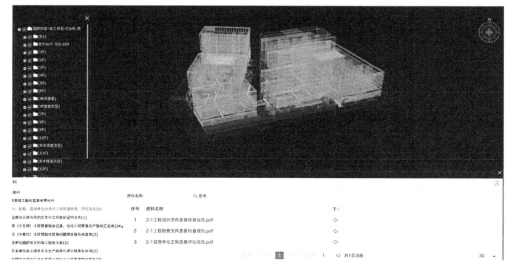

图11-11　资料模型关联与档案管理

5. 验收报告管理

（1）出具验收报告

提供在基于模型关联的验收资料查看的基础上，各部门依据标准进行竣工验收；提供依据验收资料，各部门出具对应验收报告功能；提供各部门出具的验收报告与模型关联。

（2）验收报告查看

在系统中查看验收完成项目的竣工模型，并将模型与报告进行联动，可追溯项目信息及验收报告信息。

11.2.3　数据库设计

1. 外部设计

（1）系统名称

施工质量安全管理和竣工图数字化备案系统。

（2）数据库命名规则约定

1）所有标识名称均采用英文小写字母表示。

2）所有命名都不得超过30个字符的系统限制，变量名的长度限制为29（不包括标识字符@）。

3）数据对象、变量的命名都采用英文字符，禁止使用中文命名。不要在对象名的字符之间留空格。

4）区分保留词，要保证字段名不与保留词、数据库系统或者常用访问方法发生冲突。

5）保持字段名和类型的一致性。在命名字段并为其指定数据类型时一定要保证一致性，假如在一个表中某一字段数据类型为整数型，那么在其他表中同名字段数据类型也要保持为整数型。

（3）支持软件

【服务器端】

操作系统：中标麒麟

关系数据库：达梦关系数据库

空间数据库：PostGIS空间数据库

【客户端】

操作系统：Windows 7、Windows 10、统信操作系统；

标识符

一般规定

标识符主要分为表标识和字段标识两类,遵循唯一性;

标识符由英文字母、下划线、数字构成,首字符应为英文字符;

相同的实体和实体特征在要素类表、关系类表、属性类表中应采用一致的标识。

表标识

表标识与表名应一一对应;

表标识由前缀、主体标识、分类后缀及下划线组成。

字段标识

字段标识符应为字段名称首拼字母。

2. 结构设计

数据表结构关系如图11-12所示,工程信息表通过工程编码字段与图中其他数据表进行关联。

3. 运用设计

(1)保密性需求

本次施工质量安全管理和竣工图数字化备案系统的建设,涉及一些涉密数据,需要在设计与开发过程中充分考虑系统及数据的安全保密性。同时,要求系统的运行及数据处理应用符合国家及省级测绘主管部门的相关保密规定。本平台的建设需从多个方面保障系统及数据的安全。

1)明确涉密数据的内容,涉密数据需通过省级以上(含省级)测绘地理信息主管部门保密技术处理,方可运行于政务内网进行共享。

2)网络部署安全性,本平台预期部署在市政务内网,涉密数据可存储运行于内网中,通过网闸将内网与市政务网进行物理隔离,实现内网和市政务网的数据摆渡,保障数据安全。

3)数据交换与使用上,可通过提供数据服务的方式进行访问。同时,平台通过地图瓦片技术将数据转换成图片,平台用户浏览到的是图片,而不是直接浏览原始数据,这样可最大程度保证数据的安全。

4)登录与权限安全控制,平台需要有完善的登录访问认证策略,并根据不同用户,对功能及数据资源进行精细化授权与管理,确保用户只能使用属于自己权限范围内的功能及数据资源。

5)对数据进行加密处理,支持对存储在数据库中的数据进行加密,支持对发布到客户端、移动端的缓存数据进行加密。

6)平台需对系统操作行为进行日志记录,如系统登录行为、关键操作行为等,通过记录详细完整的日志,可以对系统使用情况进行深入的监控并及时发现异

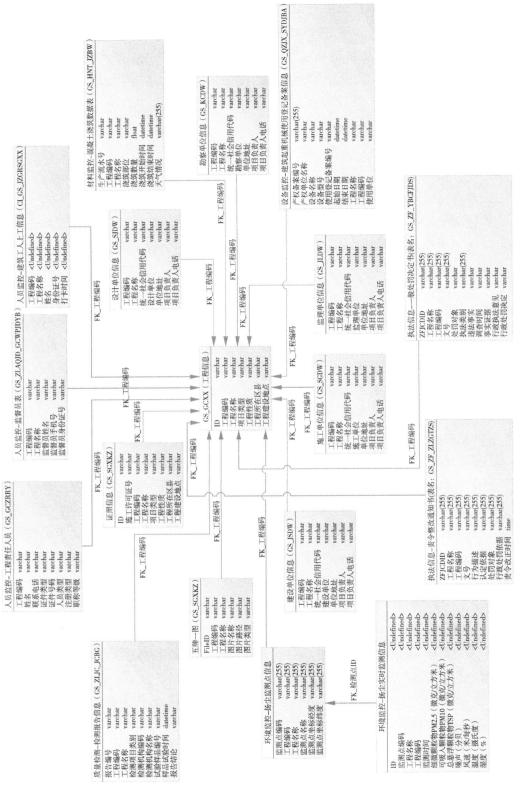

图11-12 数据表结构关系图

常问题，在发现问题时也能追查问题真正原因，能较好地解决问题。

7）若发生意外系统自动关闭，不会对人员资料和系统环境泄密。

（2）数据存储安全

针对数据库内存储的数据进行管理，包括数据库用户、密码、数据表空间及表的管理。根据应用系统及存储数据的性质来分配应用使用的用户及密码，划分相应的数据库表结构及表空间。做到数据统一规划，数据存储形式一致，这样既可以保证存储数据的安全性，也可以使数据的存储有条理性。如果用户A的数据存在于用户B的表空间中，这样很容易导致用户的数据泄露，而且这样也很容易造成各个应用之间对数据的读取消耗很多资源，更严重的就是耗时较高，应用性能的整体降低。

（3）地图瓦片技术

平台通过地图瓦片技术将所有二维地图、三维模型、BIM模型等数据转换成图片，平台用户浏览到的是图片，而不是直接浏览原始数据，这样可最大程度保证数据的安全。

（4）数据访问控制

平台对所有数据进行严格的控制，根据用户身份和现实工作中的角色和职责，确定访问数据资源的权限，对用户对业务数据的访问权限进行配置。

对系统的所有用户进行分级管理，设置不同的角色，每个角色分配不同的数据权限。

（5）数据备份安全

正确的备份策略不仅能保证数据库服务器的24×7的高性能的运行，还能保证备份与恢复的快速性与可靠性。

数据备份就是保存数据的副本，是预防灾难系统崩溃丢失的最好保护措施。数据备份最好的介质有磁带、具有容错能力的磁盘阵列（RAID）、光学存储设备等。

本项目将采取以下措施进行数据库备份：

1）增进物理安全

首先，强化本地与异地的物理安全与制度管理，减少人员与备份设备和介质接触的机会，对操作维护人员的操作过程进行审核。其次，打印并异地保存备份操作的文档，经常整理并归档备份，把备份和操作手册的副本与介质共同异地保存。最后，对介质的废弃处理有明确的规定，对介质安全低级格式化处理。

2）实施密码及策略

备份内容的安全采用密码保护，包括备份前的数据加密与备份时对备份集的加密两种。

备份前加密是利用操作系统加密或采用专用的加密软件对数据进行加密，备份操作系统时再备份加密后的文件。这样记录在介质上的就是密文了，只有具有打开权限的人在浏览时看到的是明文，即使恢复时不恢复权限其他人也是无法看到真正内容的。

备份密码的长度与复杂程度也是关键，密码应该具有一定的复杂性。密码必须为大写字母、小写字母、数字、特殊字符的组合，而且不能少于8位。

3）正确分配备份人员的权限

备份工作由三人完成：高层管理人员、备份操作员和备份日志管理员。备份密码分为两部分，由高层管理人员和备份日志管理员分别保管其中的一部分。高层管理人员负责保存密码的前一部分，并审核数据恢复的日志。备份操作员完成每日的备份工作，完成介质异地存储，查看备份日志，不保存备份密码，与其他人完成备份策略的设定。备份日志管理员审核与管理每日的备份与恢复操作日志，保存后一部分的备份密码。

（6）防止非法用户侵入

1）安全管理

绝大多数数据库管理系统采用的是由数据库管理员DBA负责系统的全部管理工作（包括安全管理）。显然，这种管理机制使得DBA的权力过于集中，存在安全隐患。在安全管理方面本项目将采用三权分立的安全管理体制：系统管理员分为数据库管理员DBA、数据库安全管理员SSO、数据库审计员Auditor三类。DBA负责自主存取控制及系统维护与管理方面的工作，SSO负责强制存取控制，Auditor负责系统的审计。这种管理体制真正做到三权分立，各行其责，相互制约，有效地保证了数据库的安全性。

2）用户管理

用户需要访问的数据库管理系统、数据库系统、操作系统、文件系统以及网络系统等在用户管理方面非常相似，采用的方法和措施也十分近似。在一个多用户系统中，进而在网络环境下，识别授权用户永远是安全控制机制中最重要的一个环节，也是安全防线的第一个环节。

用户管理包括标识和鉴别。标识是指用户向系统出示自己的身份证明，最简单的方法是输入用户名和口令。而鉴别则是系统验证用户的身份证明。身份认证是安全系统最重要而且最困难的工作。

标识过程和鉴别过程容易混淆。具体而言，标识过程是将用户的用户名与程序或进程联系起来；而用户的鉴别过程目的在于将用户名和真正的合法授权的用户相关联。

11.2.4 系统实现的功能

1. 施工质量安全管理

（1）实现工程监管信息关联展示

实现了工程基本信息、"五图一牌"信息、证照信息、人员信息、材料信息、设备信息等工程监管信息的采集，并实现在CIM平台上的汇总展示功能，项目CIM可视化如图11-13所示。

（2）工地物联网设备接入

通过对接工地安装的视频摄像头、扬尘监测设备、物联网监测设备，实现对工地塔吊、深基坑、高支模三大危险源以及工地现场文明施工扬尘的远程监管，起重机械监测如图11-14所示。

图11-13 项目CIM可视化

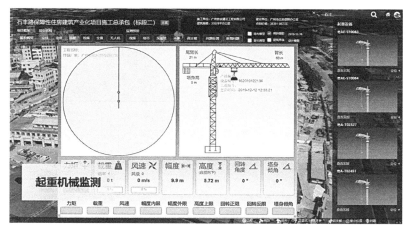

图11-14 起重机械监测

（3）实现了定点巡检、定线巡检

将巡检中发现的问题进行记录反馈，做到问题的闭环处理，再通过广州建设云扫码与工程现场人员进行远程视频连线，全景摄影巡检与隐患闭环管理，如图11-15、图11-16所示。

图11-15　全景摄影巡检

图11-16　隐患闭环管理

2. 竣工图数字化备案

（1）企业化备案

实现项目多专业模型（消防、人防、质量）的信息采集、模型展示及通过模型进行资料关联查看，上传关联竣工资料应用。资料关联与上传如图11-17所示。

（2）政府数字化备案

实现"规划核实、消防验收、人防验收、质量验收"的竣工验收备案，各部门可浏览相应模型及关联资料、模型比对，完成验收意见留痕，竣工验收备案与模型浏览效果如图11-18、图11-19所示。

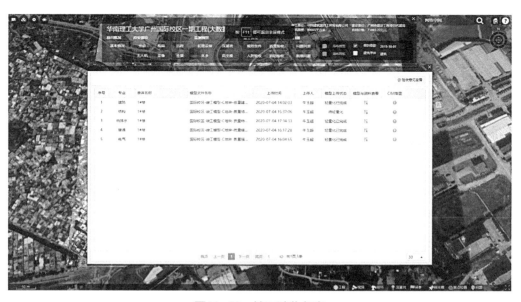

图11-17　资料关联与上传

图11-18　竣工验收备案

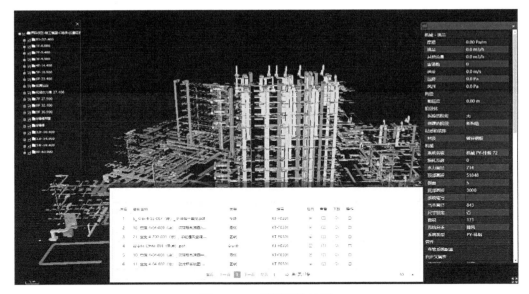

图11-19 模型浏览效果

11.3 基于CIM基础平台的智慧工地系统应用成效

系统实现了建设单位申报联合验收前的企业数字化备案申报，涵盖质量、消防、人防三大专项、五大专业（建筑、结构、暖通、电气、给水排水）的竣工BIM模型采集，轻量化入库、可视化模型信息查看（图11-20）。

图11-20 企业数字化备案申报

　　实现了质量、消防、人防三大专项主管部门的政府数字化备案审核，BIM模型与资料自动关联，实现二三维联动图模对比查看（图11-21），辅助验收备案审查。竣工BIM模型与设计BIM模型自动比对（图11-22），辅助施工审查；差异显现，快速定位，详情展示，辅助验收备案审查。

　　审核通过给出验收审核意见，完成竣工验收备案（图11-23）。竣工BIM模型（图11-24）及关联资料落图全市CIM平台（图11-25），实现基于CIM平台的模型及资料留存查看，并服务于后续城市级运营应用。

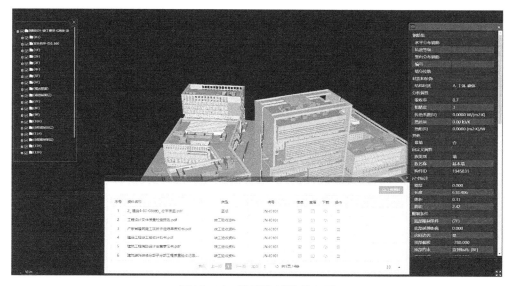

图11-21　模型资料关联查看

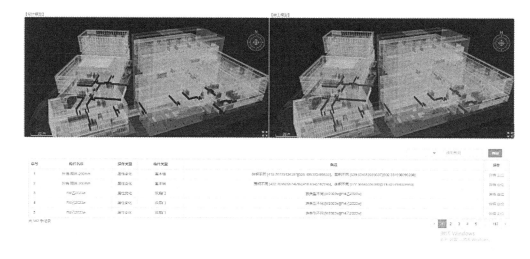

图11-22　模型比对

图11-23　竣工验收备案

图11-24　竣工BIM模型

图11-25　竣工BIM落图到CIM平台

11.4 小结

11.4.1 系统建设经验总结

基于CIM基础平台的智慧工地系统落实《住房和城乡建设部办公厅关于开展城市信息模型（CIM）平台建设试点工作的函》的要求，根据《广州市住房和城乡建设局 广州市规划和自然资源局 广州市政务服务数据管理局关于印发〈广州市城市信息模型（CIM）平台建设试点工作方案〉的通知》（穗建CIM〔2019〕1号）及《广州市住房和城乡建设局印发〈广州市住房和城乡建设局关于推进城市信息模型（CIM）平台建设试点的工作方案〉的通知》（穗建CIM〔2019〕2号）文件要求，建立覆盖建筑设计方案三维模型、施工图三维模型、工程建设过程三维模型的项目建设全流程信息互通系统，实现施工质量安全监督、联合测绘、消防验收、人防验收等环节的信息共享，探索实现竣工验收备案。

推进了广州市房屋建筑工程竣工验收阶段的BIM技术应用，完善了三维数字化竣工验收备案相关工作。

11.4.2 需要改进的方向

以工程建设项目三维电子报建为切入点，在"多规合一"平台基础上，建设具有规划审查、建筑设计方案审查、施工图审查、竣工验收备案等功能的CIM平台，实现了智慧城市基础平台的初步搭建，但平台现有能力在可视化、可计算、可感知、开放性等方面尚不能完全满足支撑"CIM+"应用的需求，亟需对现有CIM平台进行升级改造，加强与相关业务系统的联动融合应用，实现数据、技术、业务的融合。

积累了大量的各种类型数据，包括时空基础数据、BIM数据、"四标四实"数据等，这些数据是城市精细化管理从二维平面到三维立体管理转变的重要数据支撑，但目前，这些数据尚未得到有效的综合处理和充分利用，亟需通过数据融合技术，促使这些数据形成全域数据融合模型，提高数据展示能力及支撑上层应用调用，如数据地块化、地块关联数据展示等。

11.4.3 系统推广计划

经过近一年的努力，广州市CIM平台建设试点工作取得了阶段性成果，在住房和城乡建设部工作会议上多次得到王蒙徽部长的肯定。今年3月，应住房城乡建设部要求，经市委、市政府审定，广州市住房和城乡建设局提交了广州市CIM平台建设及城市应对疫情补短板的相关工作报告，并在相关工作视频会议上，作为城市代表向各地介绍广州经验做法。

下一步，广州市住房和城乡建设局将继续抓紧推进各项工作，并以9月为节点，不断完善CIM平台建设，力争汇聚更多城市建设管理信息，开发更多针对性平台应用，加强与住房和城乡建设部以及市委系统平台的互联互通，为广州智慧城市建设夯实基础平台。同时，配合住房和城乡建设部，做好全国住房和城乡建设信息化会议筹备工作，向全国各地展现广州工作成果。

第12章 基于CIM基础平台的施工图BIM审查

12.1 基于CIM基础平台的施工图BIM审查应用概况

12.1.1 行业现状

2018年11月，住房和城乡建设部印发的《关于开展运用建筑信息模型系统进行工程建设项目审查审批和城市信息模型平台建设试点工作的函》指出，"以工程建设项目三维电子报建为切入点，建设具有施工图审查等功能的CIM平台，精简和改革工程建设项目审批程序，减少审批时间，探索建设智慧城市基础平台。"2019年3月，《国务院办公厅关于全面开展工程建设项目审批制度改革的实施意见》提出"加快探索取消施工图审查（或缩小审查范围）"。2020年4月，在住房与城乡建设部工程质量安全监管司2020年的工作要点中亦指出"推广施工图数字化审查，试点推进BIM审图模式"。

当前在我国建筑工程领域，一方面，基于BIM技术的建筑设计已经取得了广泛应用，但是缺少相应的审查与管理机制，严重影响了BIM技术的进一步发展与整个建筑行业的信息化进程；另一方面，各审图单位在现行基于二维图纸的审查工作中也存在工作量大、易漏审、规范理解不一致、烦琐重复工作过多等问题，给政府部门管控与建设工程质量安全带来隐患。

12.1.2 问题分析

广州市目前采用的二维电子图纸工程建设项目审批管理系统对审查工作的管理有一定的改善，实现了从纸质化审图到电子化审图的改进，然而广州市目前所采用的二维审查系统并非真正实现了智能化审查。在使用当前的二维审查系统进行建筑项目审查时，依然需要审查工作人员对提交的二维电子图纸、计算书等进行全专业人工审查，审查工作的实质依然由审图人员进行人为审查。由此，仍存在以下问题：

（1）在审图过程中，由于审图人员对规范的理解、专业水平、项目经验以及审查尺度等不一致，造成审查结果的不一致。

（2）由于审查工作涉及的专业众多，需要审查的规范众多。随着各个专业的飞速发展，各个专业所涉及的规范版本也在不停地更新之中，审查工作量大。在实际审图工作中，存在挑选重要审查部位进行针对性审查的情况。由此，造成了审查工作的不全面、规范条文漏审的情况。

（3）政府管控难。主管部门无法及时获取施工图审查过程中各环节存在的问题，对施工图设计、审查质量的真实情况难以准确掌握，监管的有效性和时效性均不能得到保证。

12.1.3 需求分析

施工图三维数字化审查系统对全专业的BIM模型进行审查，包括建筑、结构、电气、给水排水、空调暖通、人防、消防、节能等专业，提供对规范条文的智能辅助审查功能。系统主要功能为：

1. BIM审查数字化交付及数据资料管理模块

与现有二维数字化审图系统进行集成，根据BIM审查模型的数字化交付标准要求，实现在线提交相关项目的三维数据模型、设计文档及其他设计资料，对交付资料的完整性及合规性进行数据校验，实现文档数据的标准化入库及分类管理。

2. 模型浏览模块

BIM模型数据轻量化处理，对模型数据压缩、显示级别控制、多专业模型文件动态组装等技术实现复杂BIM模型的快速传输。

3. 视图管理

将项目资料分为BIM模型与文档资料两大类进行管理，可对模型进行按场景定制的浏览，包括按专业、按楼层等方式；可对相关项目设计资料（图形、图像、文档）进行浏览，并与模型数据进行关联显示；可对BIM模型进行视图显示控制（缩放、平移、漫游等）；可通过剖切面或剖切框对三维BIM模型进行内空间显示控制。

4. 智能审查工具

通过对规范条文的拆解并编写开成结构化自然语言规则库SPL。审查引擎逐条运行规则，并从BIM标准数据文件提取信息，最终生成审查结果。

5. 审查端审查意见批复及管理

自动审查结果执行后，可自动生成批注信息条目并添加到批注管理中；可手动添加批注条目；在批注管理中对批注进行分类显示与查看和二次编辑功能；可自动生成BIM审查结果，将勾选批注形成的结果文档发送到服务器端；支持批注结果的导入/导出功能。

6. 报审端审查结果查询

报审单位或人员可根据项目信息进入审查结果查询模块，根据专业权限对相应专业的审批意见进行查询与回复，并可在三维BIM模型浏览方式下查询问题构件的位置及对应的批注信息。

7. BIM设计软件审查数据交付插件

提供设计院常用BIM设计软件（Revit，ArchiCAD等）插件，用户应根据BIM模型交付标准的数据要求，按照建模导则的规定进行BIM审查模型的构建，插件提供特殊构件的设置功能及专业属性的设置功能，并根据BIM模型的数据格式标准生成交付资料数据文件，用户使用该标准数据文件上传到BIM审查平台，即可完成BIM审查模型的数字化交付。

12.1.4 建设目标

开展三维技术应用，探索施工图三维数字化审查，建立三维数字化施工图审查系统。就施工图审查中部分刚性指标，依托施工图审查系统实现计算机机审，减少人工审查内容，实现快速机审与人工审查协同配合。

通过施工图三维数字化智能审查系统的建设，达到以下目标：

（1）在BIM审查数据交付标准体系上，研发施工图三维数字化智能审查审核工具。在形成统一的数据交付标准、数据格式标准和管理规范的基础上，为其他各地开展工程建设项目BIM施工图三维审查并与"多规合一"管理平台衔接提供可复制可推广的经验。提供三维浏览、自动审查、手工辅助审查、自动出审查报告等功能。

（2）施工图三维数字化智能审查系统与CIM基础平台衔接。探索施工图三维数字化智能审查系统与市"多规合一"管理平台顺畅衔接，在应用数据上统一标准，在系统结构上互联互通，实现"多规合一"管理平台上对报建工程建设项目BIM数据的集中统一管理，促进BIM报建数据成果在城市规划建设管理领域共享，实现数据联动、管理协同，为智慧城市建设奠定数据基础。

（3）建设针对主管机构使用的BIM施工图审查管理系统，对正在进行、已完成BIM审查的项目进行统计；对使用系统的建设单位、设计单位、审图单位进行归类显示；对系统可智能审查的条文进行归纳显示、频次统计等，形成大数据资料。

12.2 基于CIM基础平台的施工图BIM审查系统设计与实现

12.2.1 系统的总体设计

施工图三维数字化审查系统旨在建立全市统一的联合审图系统，实现工程施工图数字化交付，统一图纸标准和格式，充分利用互联网+和先进的图形处理技术，建立起全市施工图审查基础数据库，采集施工图审查的关键数据，形成大数据中心，为行业管理和服务提供数据支撑，施工图三维数字化审查具体流程如图12-1所示。

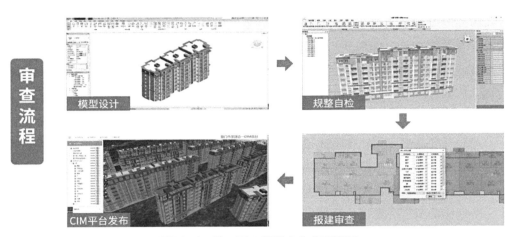

图12-1　施工图三维数字化审查流程

施工图三维数字化审查系统即为政府监管部门行政审批外的技术审查平台，由专门的技术审查人员完成施工图审查工作，为行政审批提供技术支撑，施工图三维数字化审查具体结构如图12-2所示。审查过程和结果在平台上都能留下记录，形成整个广州市的审查数据库，方便监管部门对审查行业的整体监管；通过线上智能审查，缩短审批的时间，加快施工图审查的进程。

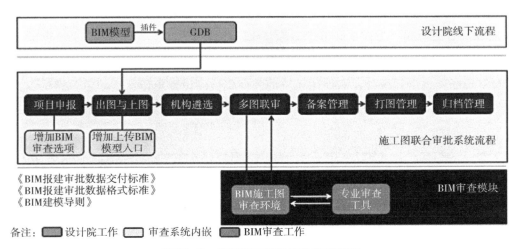

图12-2　施工图三维数字化审查结构

12.2.2 概要设计

在广州市城市信息模型（CIM）平台上，构建一个三维数字化审查系统，该系统同时与当前的广州市二维施工图设计文件审查管理系统对接统一。基于智能化审查引擎，实现建筑、结构、给水排水、暖通、电气、消防、人防、节能等专业和专项系统的智能化审查。具体需求规定如下：

（1）在形成统一的数据交付标准、数据格式标准和管理规范的基础上，探索施工图三维数字化审查。开发施工图三维数字化审查系统，针对计算机语言可完成规则编写且按三维建模审查不显著增加设计单位工作量的部分条文，完成规范条文的拆解工作，开发自动审查引擎，实现三维模型的计算机自动审查功能，减少人工审查条文的数量和审查工作量，形成计算机辅助人工审查的工作模式。

（2）在试点城市通过项目的实际试点项目应用，专家的广泛审核验证，系统功能及审查条文的不断完善，探索形成一套实际可行的三维施工图数字化审查模式，为其他各地开展工程建设项目BIM施工图三维审查并与"多规合一"管理平台衔接提供可复制、可推广的经验。

（3）施工图三维数字化智能审查系统与CIM基础平台衔接。探索施工图三维数字化智能审查系统与"多规合一"管理平台顺畅衔接，在应用数据上统一标准，在系统结构上互联互通，实现"多规合一"管理平台上对报建工程建设项目BIM数据的集中统一管理，促进BIM报建数据成果在城市规划建设管理领域共享，实现数据联动、管理协同，为智慧城市建设奠定数据基础。

12.2.3 详细设计

基于用户调研过程中的功能需求反馈及系统开发单位针对产品的整体功能性设计，系统主要功能为：智能审查引擎、规则库、标准数据文件插件、项目管理、轻量化浏览、通用工具、视图管理、规范检索、辅助审查及批注、AI审查知识库、AI语音助手、与二维联合审图系统集成等模块。数据结构与程序的关系如图12-3所示。

施工图三维数字化审查系统运行环境主要包括硬件配置、软件配置和客户端配置，包括BIMS+轻量化服务+数据库服务（表12-1）、BIM审查服务+BIMBOX转换服务（表12-2）、数据+文档服务（表12-3）、BIM审查服务（表12-4）、软件环境（表12-5）、网络环境（表12-6）、客户端环境（表12-7）等，具体如下：

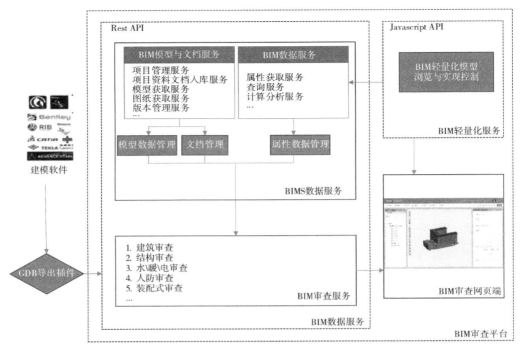

图12-3　数据结构与程序的关系

1. BIMS+轻量化服务+数据库服务

BIMS+轻量化服务+数据库服务				表12-1
用途	硬件要求	操作系统	网络	数量
BIMS+OBV	CPU：2路8核、主频2.4GHz 硬盘：3×300GB硬盘、2块不低于200GB SSD固态硬盘 内存：128GB 网卡：HBA卡，千兆	中标麒麟（Linux）	100M	1台

2. BIM审查服务+BIMBOX转换服务

BIM审查服务+BIMBOX转换服务				表12-2
用途	硬件要求	操作系统	网络	数量
BIMBOX转换服务	CPU：8核、主频2.2GHz 硬盘：100GB 内存：32GB 网卡：千兆	Windows Sever 2016	100M	1台

3. 数据+文档服务

数据+文档服务 表12-3

用途	硬件要求	操作系统及数据库	网络	数量
数据+文档服务	CPU：16核、主频2.2GHz 硬盘：系统硬盘256GB、数据硬盘4TB 内存：256GB 网卡：千兆	操作系统：Centos 7.7 数据库：mongodb、post-gresql、MySQL	200M	1台

4. BIM审查服务

BIM审查服务 表12-4

用途	硬件要求	操作系统	网络	数量
BIM审查服务	CPU：16核、主频2.2GHz 硬盘：系统硬盘256GB、数据硬盘2TB 内存：128GB 网卡：千兆	Windows Sever 2016	100M	1台

5. 软件环境

软件环境 表12-5

类型	名称	数据库要求	备注
服务器	BIMBOX	数据库MySQL	
	BIMS	数据库 MongoDB、MySql、PostgreSql	
	BIM审查	数据库 MongoDB、MySql	

6. 网络环境

网络环境 表12-6

类型	名称	最低网络配置	备注
服务器	BIMBOX	带宽 50Mb/s	
	BIMS	带宽 10Mb/s	
	BIM审查	带宽 10Mb/s	

7. 客户端环境

客户端环境 　　　　　　　　　　　　　　　　　　表12-7

类型	推荐配置
CPU	主频2GHz以上CPU，建议i7 CPU 8核
显示	1280×1024或以上，建议1920×1080
硬盘	200G及以上可用空间
网络	上行带宽1Mb/s，下行带宽12.5Mb/s，相当于电信ADSL 100M
内存	16G或以上

12.2.4　数据库设计

BIM审查系统的数据库由以下三类构成：模型数据库、视图数据库、资料数据库。

1. 模型数据库

用于存储工程项目基础信息和BIM信息，主要包括：项目名称、项目地址、建筑总面积、项目开工竣工日期、建筑层数、建筑结构形式、绿色建筑相关指标，以及建筑、结构、水、暖、电等各专业模型构件数据等。

2. 视图数据库

用于存储审图流程中各类与视图和注释显示相关的数据，其内容包括BIM模型浏览视图数据、PDF二维图纸浏览视图数据、DWG二维图纸浏览视图数据、各类资料文件浏览视图数据、视图控制数据、视图切换数据（前、后、左、右等多模型视角）、三维模型批注数据、三维模型符号显示控制数据、施工图符号显示数据、二维图纸批注数据等。

3. 资料数据库

资料数据用于存储项目中的图纸、图档和各种备案信息，包括初步设计图档、施工图设计图档、深化设计图档、BIM图档等。

对审查系统的原始数据（图12-4）进行分解、合并后重新组织起来的数据库全局逻辑结构（图12-5），包括所确定的关键字和属性、重新确定的记录结构和文卷结构、所建立的各个文件之间的相互关系，形成本数据库的数据库管理员视图，项目结构实体、实体属性E-R图如图12-6所示。

图12-4　审查系统数据记录图

逻辑结构设计结构图如图12-5所示：

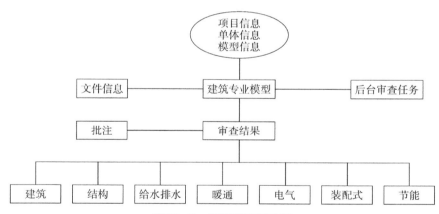

图12-5　逻辑结构设计图

物理结构设计要点如下：

（1）定义数据库、表及字段的命名规范；数据库、表及字段的命名要遵守可读性原则；数据库、表及字段的命名要遵守表意性原则；数据库、表及字段的命名要遵守长名原则；

（2）选择合适的存储引擎；

（3）为表中的字段选择合适的数据类型；

（4）建立数据库结构；

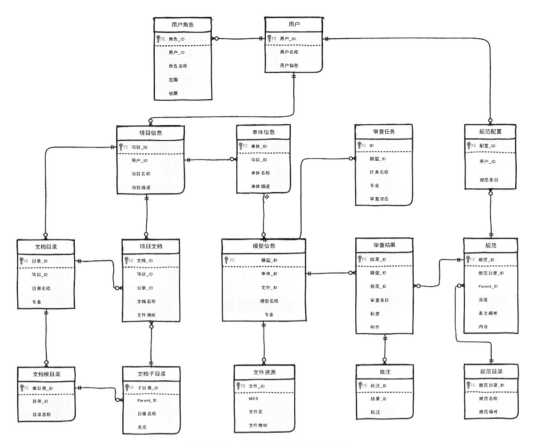

图12-6　项目结构实体E-R图

（5）建立系统程序员视图：

1）数据在内存中的安排，包括对索引区、缓冲区的设计；

2）使用的外存设备及外存空间的组织，包括索引区、数据块的组织与划分；

3）访问数据的方式方法。

12.2.5　系统实现的功能

当前施工图审查的现状是人工对照规范条文审查设计的质量，效率低下。因此借助智能化机审，最大程度压缩审查的时间，提质增效。基于当前广州的二维联合审图系统的业务流程基础，通过该三维审查系统真正实现智能化辅助审查，减少审查师的工作量。

施工图三维数字化审查系统在PKPM-BIM平台的基础上开发设计，平台浏览区采用轻量化显示，对话框使用标准Windows对话框风格，以下对平台的界面设计进行整体描述，需要注意的是以下的界面原型图为设计式样，不代表最终界面成果。

图12-7　BIM审查系统界面

BIM审查系统界面如图12-7所示。

　　施工图三维数字化审查系统实现对全专业的BIM模型进行审查，包括建筑、结构、电气、给水排水、空调暖通专业以及人防、消防、节能各专项系统，提供对规范条文的智能辅助审查功能，完成各专业及专项系统的联合审图（表12-8）。

施工图三维数字化审图系统功能点　　　　　　　表12-8

子模块	功能点
智能审查引擎	通用智能审查引擎
	结构智能审查引擎
	节能智能审查引擎
规则库	规范条文拆解及规则库编写
标准数据文件插件	Revit插件
	PKPM插件
	PKPM-BIM插件
	PKPM-ArchiCAD插件
项目管理	项目树的创建及管理（建筑与单体，楼层与专业）
	三维模型文件管理
	项目单体和模型的切换
轻量化浏览	模型轻量化转换
	视图控制，提供模型与资料的切换显示工具
	视图切换，提供前、后、左、右等多模型视角的快速切换

续表

子模块	功能点
轻量化浏览	三维模型中增加意见功能
	施工图三维轻量化模型中主视角漫游功能
	轻量化三维视图缩放工具
	三维模型点、线测量工具
	三维模型面测量工具
	剖切工具，提供模型动态面剖切及框剖功能，实现模型多方位查看
	属性表，提供构件属性信息，包含几何信息、构件属性等
	场景管理，模型显示树状图，实现对专业、楼层、构件的显示控制
	模型显示，模型显示方式控制，提供渲染模式、着色模式、线形模式
通用工具	住宅、中小学校–建筑专业规范条文录入
	住宅、中小学校–结构专业规范条文录入
	住宅、中小学校–电气专业规范条文录入
	住宅、中小学校–给排水专业规范条文录入
	住宅、中小学校–暖通专业规范条文录入
	住宅、中小学校–人防专业规范条文录入
	住宅、中小学校–消防专业规范条文录入
	住宅、中小学校–节能专业规范条文录入
规范检索	规范条文查询功能
	生成审查报告文档
审查报告	各专业意见汇总
	各专项意见汇总
AI审查知识库	建筑专业知识库整理
	可计算模型
	建筑字典
	专业知识问答功能实体/名词释义问答
	专业知识问答功能简单推理类问答
	规范导航功能开发
AI语音助手	AI语音助手模块创建
	语音识别实现视图控制
联合审图系统集成	用户与权限统一
	项目信息共享
	自动专业专项审查
	审查意见、报告同步
	审查意见、报告合并

12.3 基于CIM基础平台的施工图BIM审查系统应用成效

12.3.1 经济效益

广州市施工图三维数字化审查系统在2020年10月1日正式上线试运行，根据BIM审查管理系统的后台数据统计，自2020年10月1日起，截至2021年4月30日，广州市"施工图三维（BIM）电子辅助审查系统"已经有186个项目申报BIM审查、已完成BIM审查的项目有104个、审查中状态共计54个；参与建设单位99家、设计单位106家、审查机构17家；已完成项目中模型总数1187个，审查中模型总数849个。根据后台数据统计，已完成BIM审查的104个项目中，已入库CIM平台的有39个（图12-8）。

图12-8 施工图三维（BIM）电子辅助审查系统

通过项目上线运行期间"基于规范条文的BIM施工图审查"的试点、培训、推广、应用，直接带动广州市建造业BIM信息化水平提高。2020年、2021年已申报的186个项目共计建筑面积约1324万m²，以每平方米造价约3000元计算，总造价约为396亿元，按全过程应用BIM技术可节约成本10%计算，可节约建设成本约67.3亿元。

12.3.2 社会效益

在我国建设行业中，数字化程度相对较低，管理体制及配套的信息系统应用相对较少，BIM模型审查可以说是一项技术、手段的创新。通过BIM模型审查，不仅为CIM基础平台提供基础数据，而且推动建筑行业BIM技术应用的高质量发展，是对建设领域智能化的一个尝试，将带来较大社会价值。

1. 提升审查效率

开展三维技术应用，探索施工图三维数字化审查条文拆解过程中，与标准编制组紧密沟通协调，既能满足三维模型审查的需求，又能符合设计院建模的方式而不会过度增加建模量。规范条文审查范围的确定是一个动态推进的过程，最终在保证实现各专业规范审查条文的数量和合理性的基础之上，调整不同规范审查的条文内容。又或者未来开发的工作中，审查规范条文的数量将逐步增加，智能审查的内容也将逐步丰富，最终大幅减少人工审查的工作量。

模型成果的审查不仅有利于管理部门的监管，对社会各方而言也是有利的。一方面，对建设单位、设计单位的成本节约不言而喻，更主要体现在办理周期上的缩短。原有的审图流程，审查工作量大，工作周期长，效率较低。通过模型数字化审查可以减少一部分审核专家的审图时间，同时，可以减少审查问题的沟通时间；另一方面，便于获取社会各方BIM数据模型，有利于未来CIM平台以及智慧城市的建设。在有网络基础的情况下，建设单位、设计单位、审查机构都可以及时调取相关的BIM模型及BIM审查信息。同时，也便于参与各方相互监督，起到提升政府公信力的良好社会效应。

2. 推动城市数字化建设

根据调查结果显示，传统纸质图纸审图工作模式需要大量的优质纸张，如果涉及图纸修改，则消耗的图纸数量就相应增加，从节约能源和低碳经济的角度来看，是非常浪费而且迫不得已的事情。在电子审图的工作得到有效推进后，无纸化办公，减少纸张的投入得到了有效落实。BIM模型审核，是电子化提升到数字化发展的又一新进程。在减少图纸存储所产生的纸张、场地、人、材、物的依赖，降低成本，减少浪费依赖，保证图纸内容真实性的基础上，有效数据的积累对未来数字化的管理有很大帮助，尤其为BIM数据的应用在数字城市建造过程中起到关键性作用。同时，BIM模型的审核，是对市场、行业数字化发展的激励，能对行业内BIM应用水平提升起到很大推动作用。根据BIM审查特点和用户个性化需求，系统构建BIM审查流程、简化批转操作、整合了业务数据，形成基于BIM审查的模型数据管理与应用系统。

BIM审查系统大大提升了审图效率，审查条文漏审率降低了30%以上，审查规范条文快速、便捷，将辅助人工提升审查效率，施工图审查质量和效率有了质的飞跃，为建筑行业政府主管部门和企业单位带来管理效率的提升，项目设计质量的提升也使工程建设过程中的返工大为减少，工程造价相应降低，极大地推动城市数字化建设。

3. 推进国产BIM平台建设

BIMBase系统作为中国建筑科学研究院承担、北京构力科技有限公司具体研发的"BIM工程"重大专项成果，是国内首款实现建筑信息模型（BIM）关键核心技术自主研发和安全可控的BIM平台和软件，填补了国产BIM软件空白。BIMBase系统将为中国建造提供数字化基础平台，提升工程建设数字化、智能化、智慧化核心能力，为行业数字化转型和数据安全提供有力保障。而BIM施工图审查系统使用基于BIMBase平台给行业提供的通用BIM的二次开发平台，对模型进行轻量化处理并在网页端显示。该平台赋予施工图审查系统强大的轻量化能力（图12-9），可轻松应对数量为50万以上构件、亿级三角面片等BIM大模型。

使用BIMBase平台框架的图形引擎，不但拓宽了国产BIM平台软件的应用面，也有助于打破国内BIM软件市场长期被国外企业垄断的局面，帮助我国更快速地掌握自主可控的BIM技术，并推广使用，从而解决关键技术的"卡脖子"问题（图12-10），从而保障我国建筑信息化行业可持续发展，并维护我国建筑数据的安全。

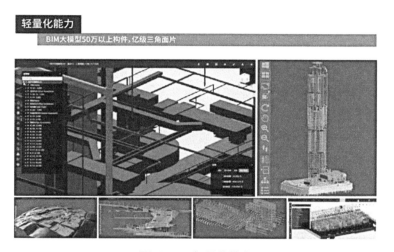

图12-9 轻量化能力

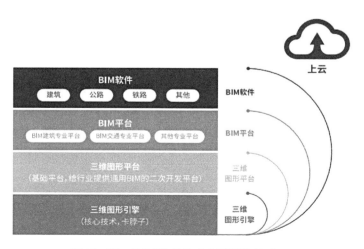

图12-10 BIM技术的"卡脖子"技术

12.4　小结

12.4.1　系统建设的经验总结

广州市BIM审查系统具备创新性、高效性、安全性三大特点。将BIM应用于工程建设项目审批过程中，创新了BIM技术的应用场景、提升了技术价值、拓展了技术维度；通过机器自动审查辅助人工审查，规避人工审查的漏洞，提高审批客观性及准确性，进一步缩短审批周期，提高审批效率，助力营商环境提升；通过统一、公开、自主的数据格式，保障BIM数据对接CIM平台的自主可控，为政府审查统一数据归口，提高工作效能。

基于广州市BIM审查系统的应用，进一步推进了BIM技术在工程质量验收以及联合验收中的应用，统一建设工程竣工验收备案管理，提高了工程质量监管的技术性。全面掌握在建工程质量监管、行政执法信息，通过智能分析对工程监督管理工作成效进行科学研判，提高了工程质量监管效能。

BIM审查系统与CIM平台进行衔接，以BIM报建的方式作为报批项目的CIM数据收集的卡口，通过BIM审查数字化、智能化的方式，实现工程建设项目审批制度改革，持续推动营商环境提供新的管理手段。以BIM报审为切入点，推动工程项目审批制度改革，通过CIM平台建设，逐步将BIM规划报建审批推广到施工图报建、审查和竣工验收等环节。实现让现实城市在虚拟空间中完成映射，通过云计算、大数据与人工智能技术对城市信息进行加工分析，做到了虚实结合，智能协同地管理城市。

12.4.2　需要改进的方向

1. 加大政策引导力度

近年来，建设领域大力推进BIM技术的应用，制定了BIM技术应用发展规划，陆续在一些重点地段重大项目中开展BIM交付，但总体来讲BIM报审的项目还是较少，BIM技术的应用目前还存在一些问题，如：缺少顶层设计，在企业和项目的自发层面，没有形成统一的目标和路径，并非由市场和建设方主动推动，设计、施工、运营维护各阶段完全割裂，没有充分体现BIM在全生命周期中的优势；设计单位还未能做到正向出图，设计人员还未全面掌握技术等。

基于以上现象，政府在BIM应用发展中，就起着至关重要的奠基和引导作用。作为BIM技术的有效推动者，建议加强顶层设计，组织制定BIM应用相关法律法规；组织编制BIM应用详细性或实施性发展规划；建议大型政府投资建设项目使用BIM

设计建造，从不同角度、不同层面，以不同方式来共推BIM应用发展。

2．赋予BIM模型法律效应

BIM能够被应用于工程项目规划、勘察、设计、施工、运营维护等各阶段，实现建筑全生命期各参与方在同一多维建筑信息模型基础上的数据共享，为产业链贯通、工业化建造和繁荣建筑创作提供技术保障；支持对工程环境、能耗、经济、质量、安全等方面的分析、检查和模拟，为项目全过程的方案优化和科学决策提供依据；支持各专业协同工作、项目的虚拟建造和精细化管理，为建筑业的提质增效、节能环保创造条件。

目前，BIM在建筑领域的推广应用还存在着政策法规和标准不完善、BIM模型法律效益不明确等问题，基于此有必要采取切实可行的措施，推进BIM在建筑领域的应用。

3．提升条文审查准确性

审查系统支持对房建领域全专业（建筑、结构、给水排水、暖通、电气、节能、消防、人防等）的BIM审查。由于实际模型在项目应用的过程中存在多种建模方式，模型表达形式也不尽相同，这使得特定情形下条文审查无法有效覆盖所有情况，从而造成审查不准确的现象。

针对以上问题，后续将加大审查系统试点项目测试数量，对出现审查不准确的条文进行修复和优化，逐步提升条文审查准确性。

4．扩大系统审查范围

各专业智能化审查引擎，研究精确和概率方法相结合的大规模BIM模型智能检查方法，实现检查方法的自动、高效、智能，支持系统级的BIM模型智能检查。从全国审查审查要点中筛选可量化条文进行研发，实现建筑、结构、给水排水、暖通、电气、消防、人防、节能的智能审查。目前BIM审查覆盖全国审查要点及常见规范中的强制性条文与重难点条文，但是尚未实现可量化审查要点全覆盖，BIM审查范围有限。

基于此，针对以上情况，第一步，对专家审查难点、易错点、易漏审的点进行攻关，实现重难点条文的审查；第二步，将其他包含在审查要点中的规范条文逐步纳入审查范围，进一步提升审查效率。

12.4.3　系统推广的计划

1．国产软件的应用

目前，国内的BIM设计与运维阶段软件产品主要是依托国外主流软件做进一步深化设计，在国外核心软件的基础上进行二次开发，时刻面临"卡脖子"难题。要推动此方面的发展，必须要加大BIM核心技术的研发，坚持自主研发、自主创新，积极促进国产BIM软件的研发和应用，解决BIM数据安全问题。

2. 正向设计推广

BIM正向设计技术是建筑行业走向数字化的重要支撑，全专业BIM正向设计，革新现阶段二维设计手段；实现全生命周期应用，整合规划、勘察、设计、施工和运营养护阶段BIM应用；多角度、集成化应用，依托云计算、大数据等技术，实现项目管理、数据协同等。BIM的最大价值在于全生命周期应用，但关键和源头仍在设计阶段，精准的三维BIM设计模型是信息共享和流转的载体，实现工程信息的传递和共享利用，是BIM理念的核心和应用的关键，也是提高工程设计品质的重要手段和根本保障。

3. 标准体系的完善

BIM标准体系是建筑行业建立标准的语义以及数据信息交流的规则，同时也是施工图三维数字化审图系统应用落地的保障。随着审查系统应用的逐渐深入，上线的审查条文的范围逐渐扩大，逐步完善对应的标准体系，保持标准体系的适用性，为行业BIM技术发展提供切实有效保障。

第13章　基于CIM基础平台的桥梁健康监测应用

13.1　基于CIM基础平台的桥梁健康监测应用概况

城市化进程中城市桥梁的建设也得到了飞速的发展，由于环境载荷、材料老化和疲劳的作用，桥梁的疲劳损伤日益凸显，从而出现耐久性降低等问题。特别值得关注的是，如果桥梁的状态不能及时得到监控和维护，在某些特定的条件下容易导致桥毁人亡的安全事故，造成恶劣的社会影响和巨大的经济损失。桥梁安全运营的保障方式通常有两种，桥梁检测与监测。

桥梁检测指根据相关规范要求，通过目视检查或检测仪器掌握桥梁的信息来评估桥梁结构的安全状态。人工检测通常分为日常巡查、定期检测、无损检测、荷载试验以及特殊检测。人工检测的方法在实际应用中存在很大的局限性，主要表现为：①耗费人力物力，盲点多；②主观性强；③周期长，时效性差；④人工检测难以大范围直接有效地应用于桥梁检测上。

近年来，随着计算机技术、嵌入式传感器技术、通信技术的不断发展，长期全天候在线健康监测已经成为桥梁监测所采取的主要方法。据调查统计，目前全国有400余座大型桥梁安装了结构健康监测系统。根据《交通运输部关于进一步提升公路桥梁安全耐久水平的意见》（交公路发〔2020〕127号）："加强桥梁结构健康监测。健全完善公路桥梁基础数据库，完善、更新桥梁档案，落实分级建设、全面完整、规范管理、动态更新工作要求。统一数据标准和接口标准，推进数字化、信息化、智能化，2025年年底前实现跨江跨海跨峡谷等特殊桥梁结构健康监测系统全面覆盖。依托监测系统开展日常管理，健全完善长期运行机制，不断拓展系统功能，持续建设覆盖重要公路桥梁的技术先进、经济适用、精准预警的监测体系，进一步提升监测系统的实效性、可靠性和耐久性"。

《广州市推进新型基础设施建设实施方案（2020—2022年）》中提及，大力推进物联网技术在智慧交通、智能家居、健康医疗、物流跟踪等重点领域的广泛应用，提高城市感知网络应用率。优化升级融合基础设施，建设"感知智能""认知智能""决策智能"的"穗智管"城市运行管理中枢。

桥梁健康监测系统基于IoT（物联网技术）结构体系、云计算、系统集成、大数据分析等先进手段，布设在工程结构的重要部位。通过分布式采集无线传输技术将结构数据实时传输至云平台，并对数据进行安全评估分析。内嵌了统计分析、趋势预警以及自动化出具监测报告算法，可为基础设施建设的管理人员提供决策依据。

13.2　基于CIM基础平台的桥梁健康监测系统设计与实现

13.2.1　系统总体设计

1. 系统总体架构

桥梁健康监测系统总体架构由感知层、网络层、平台层、应用层、安全保障体系与运维保障体系等部分组成。桥梁健康监测系统架构如图13-1所示。

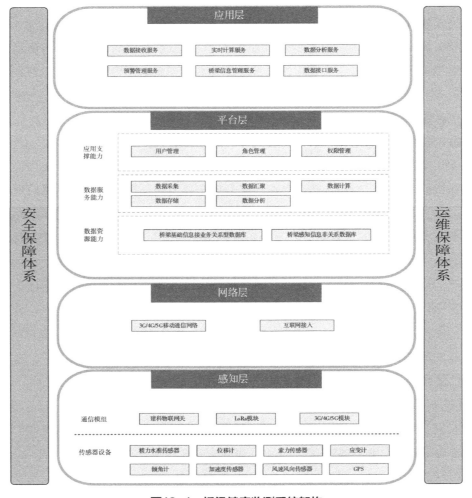

图13-1　桥梁健康监测系统架构

2. 感知层

感知层是桥梁健康监测系统的核心，是信息采集的关键部分。感知层位于系统架构中的最底层，其功能为"感知"，即通过传感网络获取环境信息，使用各种传感器进行信息采集。

系统中主要使用静力水准传感器、位移计、索力传感器、应变计、倾角传感器、加速度传感器、风速风向传感器、GPS、温湿度传感器等设备对桥梁结构进行数据采集。通过物理网关使用LoRa技术和3G/4G/5G移动通信技术进行数据传输。

3. 网络层

网络层是位于系统架构中第二层的信息处理系统，其功能为"传送"，即通过通信网络进行信息传输。

在桥梁健康监测系统中，使用无线通信网络和互联网实现接入功能和传输功能，将传感器数据实时推送到云平台中。

4. 平台层

桥梁健康监测系统平台层实现对桥梁基础信息及其他业务信息数据、桥梁动态感知信息数据等多维数据的汇聚接入、治理、存储、分析等能力，并面向应用层提供应用能力支撑。

平台层分为数据资源能力层、数据服务能力层与应用支撑能力层：

（1）数据资源能力层主要对系统的数据资源管理能力进行要求，支持数据标准化格式进行分类分库管理，可分为桥梁基础信息数据、桥梁动态感知信息数据；

（2）数据服务能力层主要对系统的数据处理能力进行要求，包括数据汇聚、数据存储、数据计算、数据采集、数据分析等方面的能力；

（3）应用支撑能力层主要对系统的应用支撑能力进行要求，包括用户管理、角色管理、权限管理等基础管理功能。

5. 应用层

应用层主要面向桥梁监测系统提供各种服务应用，实现桥梁监测系统功能。主要包括数据接收服务、实时计算服务、数据分析服务、预警管理服务、桥梁信息管理服务、数据接口服务等服务应用。

6. 安全与运维保障体系

安全保障体系是为了保护系统及其信息的保密性、完整性、可靠性和可用性，对系统物理安全、网络安全、数据安全、应用安全等方面提出的要求。

运维保障体系主要实现对整个系统的运维管理，应包括资产管理、日志管理、运维策略设置、设施异常管理等方面的内容。

13.2.2 详细设计

1. 传感器选型

桥梁健康监测系统传感器的选型需要根据监测的桥梁具体情况选择需要安装的传感器类型及数量。

如表13-1所示是桥梁监测中常见的传感器类型及部分传感器介绍。

常见的传感器类型及部分传感器介绍   表13-1

监测指标		传感器类型
结构响应	梁体挠度	静力水准传感器
	支座位移	位移计
	桥塔变位	GPS
	裂缝	裂缝计
	索力	索力传感器
	杆件应力	应变计
	桥墩沉降	静力水准传感器
	桥墩倾斜	倾角计
	结构动态响应	加速度传感器
环境影响	车辆荷载	动态称重系统
	风荷载	风力风速仪
	温湿度	温湿度计

（1）静力水准传感器

采用静力水准法（连通管原理）进行测量，当地表产生不均匀沉降时，连通管内各测点的液压也相应地发生变化，通过测量液压的变化量可进一步求得基坑关键部位的沉降值。

（2）裂缝计

裂缝监测选用裂缝计，主要应用于建筑、铁路、基坑、大坝等工程领域的结构相对位移变化、伸缩缝位移变化和裂缝宽度的精密测量。

（3）索力传感器

由于斜拉索在各种环境因素的作用下通常会激发起微小的振动，通过使用高分辨率、高灵敏度的拾振传感器及其相应的数据采集设备和分析软件，由结构的振动分析出若干阶的自振频率，最后由索力与其自振频率、边界条件、刚度等的关系式通过频率来反算索力。

（4）应变计

当被测结构物内部的应力发生变化时，表面应变计同步感受变形，变形通过前、后端座传递给振弦转变成振弦应力的变化，从而改变振弦的振动频率。电磁线圈激振振弦并测量其振动频率，频率信号经电缆传输至读数装置，即可测出被测结构物内部的轴力，同步测量埋设点的温度值。

（5）温湿度计

对桥梁环境温度、湿度进行监测。

2. 平台层设计

（1）桥梁基础信息及业务关系型数据库

根据桥梁信息和业务信息的特点，采用MySQL数据库进行桥梁基础信息及业务信息数据的存储，通用的SQL语言使得操作数据库非常方便，可以进行"join"等复杂查询。

（2）桥梁感知信息非关系型数据库

桥梁感知信息数据即传感器数据按照结构进行分类为半结构化数据，主要采用JSON格式进行传输，使用MongoDB数据库进行存储，进行大数据量数据查询和写入时性能优越，支持复制集、主备、互为主备、自动分片等特性。

（3）数据采集设计

桥梁健康监测系统所用传感器中，静力水准传感器、倾角传感器、风速风向等均用RS485接口进行数据通信。RS485接口包含4根线，分别是电源+、电源−、485+和485−。物联网通信模块也支持RS485接口采集功能，在监测系统部署时，将传感器设备的R485接口和物联网模块RS485接口连接，通过预设在DTU模块里面的PPTM指令进行采集数据。传感器接口定义如表13−2所示。

传感器接口定义　　　　　　　　　　　　　　　表13−2

序号	芯线颜色	功能定义	备注
1	红	电源+	接电源正极
2	黑	电源+	接电源负极
3	绿	485+	支持ModBus RTU协议
4	白	485−	
5	裸线	屏蔽地	

（4）数据汇聚设计

物联通信设备中主要通过MQTT和HTTP协议进行通信，使用LoRa物联通信模块作为上传设备，并由网关及4G路由器作为网络路由设备，将数据汇聚至后台云

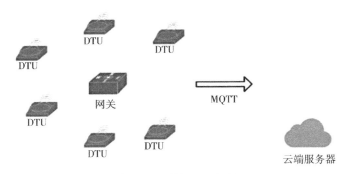

图13-2　数据汇聚设计

端服务器。如图13-2所示。

（5）系统基础管理功能设计

1）用户管理

①支持对系统用户进行增、删、改、查；

②新增用户信息应包括用户账号、登录密码、用户姓名、电话号码、有效期、超时时间、最大登录次数、用户角色等信息；

③支持按用户账号、用户姓名检索用户信息；

④支持对用户信息进行修改、删除；

⑤支持对用户登录密码进行重置。

2）角色管理

①支持角色的自定义管理，支持角色信息的增、删、改、查操作；

②支持管理员用户自由添加系统角色，包括角色名称、角色描述等信息。

3）权限管理

①支持对角色分配功能权限；

②支持对角色分配资源权限；

③支持对角色分配API权限。

13.2.3　应用层设计

1. 数据接收服务

数据接收服务使用MQTT协议客户端订阅平台MQTT服务端主题，进行传感器数据接收，将接收到的数据解析为JSON对象格式，并且根据不同的传感器类型以及传感器算法计算出监测值，将数据存储至数据库。

2. 数据实时计算服务

根据实时预警算法进行实时预警判断，当实时数据超过设置阈值上下限时，进行实时预警推送。

3. 数据分析服务

定时对历史数据根据特定统计分析算法进行计算，对存在的预警进行消息推送。系统每天会对过去24h的传感器数据进行统计分析，提取当天最大值、当天最小值、最大概率区间上限、最大概率区间下限、最大概率区间值线、最大概率区间中位值等特征值。

4. 预警管理服务

对预警信息进行处理，主要包括以下功能：

（1）预警列表：显示预警桥梁、预警对象、预警传感器、预警类型、发生时间、状态、原因、处理说明；

（2）导出预警列表：可根据查询框导出异常列表内容；

（3）预警详情：显示异常发生时间点附近数据时程曲线图；

（4）确认预警原因：管理人员分析找出预警原因，填写预警原因；

（5）处理：现场处理预警后将处理材料（文件、照片等）资料上传系统，后确认处理完成；

（6）处理结果查看：可查看处理完成的资料信息；

（7）关闭预警：管理员分析后，若发现是误报，则关闭该条预警。

5. 桥梁信息管理服务

提供桥梁信息增、删、改、查功能。

6. 数据接口服务

对外提供数据接口，第三方系统可以通过数据接口服务获取桥梁信息数据、桥梁实时监测数据、预警信息数据、统计数据等。

13.2.4　数据库设计

从数据用途方面考虑，本系统有基础数据、业务数据、数据查询统计数据、共享数据，并提供信息资源目录。从规范性考虑，数据系统的建设，必须满足数据三范式的要求，进行数据库体系和字段的统一设计，实现数据的集中存储、集中处理、集中管理、集中服务，保障数据的一致性，降低数据交换、系统之间共享的复杂性。从技术层面考虑，数据系统设计要符合数据库设计技术标准规范，具有开放性、灵活性、安全性、可靠性、保密性、可扩展性等方面的特性。

1. 分库分表

由于桥梁传感器分布密集，数据采集频率较高，随着数据库中表的数据量不断增大，查询所需的时间就会越来越长；另外，由于MySQL会对更改表的操作加锁，从而阻塞其他操作，因此从两方面考虑：

（1）对于数据量的问题，用分库分表方法解决；

（2）对于写操作会阻塞后续读操作问题，用读写分离方法解决。

2．读写分离

采用MySQL主从同步机制实现读写分离，一般来说都是通过主从复制（Master-Slave）的方式来同步数据，再通过读写分离（MySQL-Proxy）来提升数据库的并发负载能力这样的方案来进行部署与实施的，MySQL主从同步机制如图13-3所示。

3．冷热数据处理

（1）冷数据

采集转换服务对于所有接收的数据，不做任何数据加工，直接按路由规则分表存储到对应的数据库中。

（2）热数据

为实现历史数据快速查询，在采集转换服务运行时，将按照转换协议把每个小时内接收到的数据转换成极值存储到热数据表中，在查询超过一天的数据时直接从该表查询。

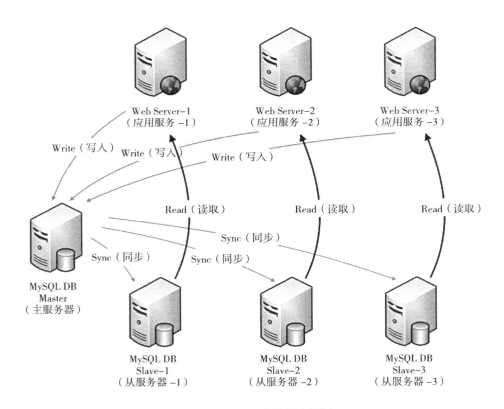

图13-3　MySQL主从同步机制

13.2.5　系统功能

1.登录功能

系统所有类型的用户使用统一登录入口，采用账号密码的方式进行登录，如图13-4所示。登录后根据当前账号权限展示系统数据和功能。系统的账号密码由超级管理员或者管理员设置。登录成功后进入系统首页，如果忘记密码需要联系系统维护人员进行重置。

图13-4　系统登录界面

2.系统首页

系统首页主要分成两个模块，左侧是地图，并用黄色圆圈定位标记做健康监测的桥梁，右侧是该系统所有进行健康监测的桥梁列表，如图13-5所示。

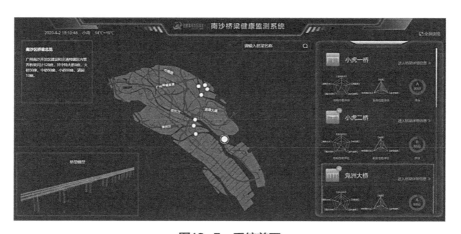

图13-5　系统首页

（1）地图

1）地图支持放大、缩小操作，当放大到一定比例时，地图会显示道路信息，如图13-6所示。

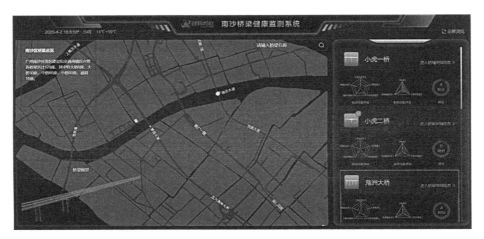

图13-6　地图缩放功能

2）地图提供桥梁搜索功能，例如，在搜索框中输入关键字并点击搜索按钮，右侧的桥梁列表会显示筛选后的桥梁，如果输入的桥梁名称不存在，系统会提示"没有该桥梁"，如图13-7所示。

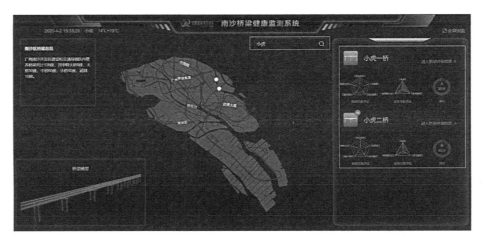

图13-7　桥梁搜索功能

3）当鼠标移动到桥梁黄色圆圈图标上时，会出现该桥概况信息的浮窗，如图13-8所示。

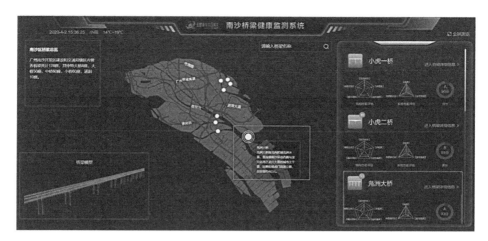

图13-8　桥梁概况信息

4）单击某座桥的 进入桥梁详细信息 » 进入该桥梁的【桥梁总览】页面。

（2）桥梁列表

显示本系统的所有桥梁，点击右侧的下拉条可以查看所有桥梁，如图13-9所示。

1）点击桥梁列表中的桥梁图标，可以查看该桥的所有未读信息和历史信息，点击"返回"按钮回到桥梁列表界面，如图13-10所示。

图13-9　查看所有桥梁

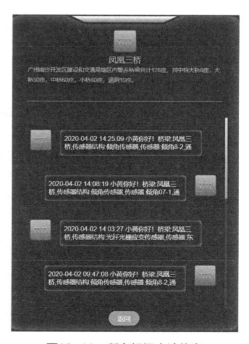

图13-10　所有桥梁未读信息

2）桥梁图标右上角的红色圆圈数字表示未读消息的数量![icon]。当没有未读信息时则不显示红色圆圈。

3）当鼠标移动到桥梁列表上某座桥梁时，左侧地图相应显示鼠标所指桥梁的概况浮窗。

3. 桥梁总览

桥梁总览页面分成四块区域，左上区域显示桥梁的概况图，左下区域显示桥梁的基本结构信息，右上区域显示桥梁的五维图和三维图，右下区域显示桥梁的常规定期检测结果，如图13-11所示。

（1）桥梁概况图

右侧显示桥梁概况图的缩略图，点击缩略图可以查看大图，如图13-12所示。

图13-11　桥梁总览

图13-12　桥梁概况图

（2）桥梁结构信息

该区域的桥梁结构信息数据与南沙区城市桥梁管理系统对接，显示桥梁区域、桥梁总长等基本结构信息，如图13-13所示。

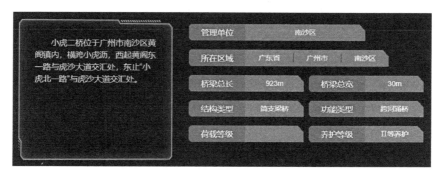

图13-13　桥梁结构信息

（3）桥梁五维图和三维图

五维图的功能是单桥某类传感器在桥梁各个测点位置处，该类指标的综合危险性表征。五个维度分别为挠度传感器、位移传感器、索力传感器、倾斜传感器和风速传感器五种类型传感器综合指标。根据特定算法，计算当前实时数据得出，为实时动态数据。为了反映出超限情况，是超出了一级预警还是二级预警，或者是安全状态，因此模型的构造应该遵循以下原则：

1）有一个传感器一级预警，指标要体现；

2）有一个传感器二级预警，指标要体现；

3）所有传感器正常，指标要体现。

三维图的功能是展示单桥的硬件设备的状态，分别为传感器状态、电源电压和信号强度三个维度。

桥梁五维图和三维图如图13-14所示，五维图和三维图预警主要表现为：指标状态正常时，中间指标值色块表现为浅蓝色。一级预警时表现为黄色，二级预警时为红色。

五维图为安全度、承载度、动向度、异常度、震荡度，根据后台算法计算当前实时数据得出，为实时动态数据。三维图为电源，异常数据传感器状态，信号强度三个维度。

（4）桥梁常规定期检测结果

以时间轴的方式显示该桥的历史常规定期检测记录，如图13-15所示。此部分的数据与城市桥梁常规定期检测系统的数据对接，定期同步更新数据。

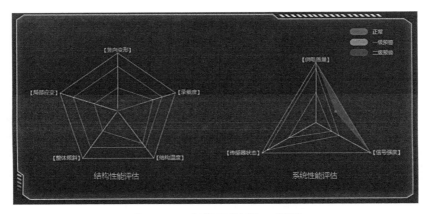

图13-14　桥梁五维图和三维图

图13-15　桥梁常规定期监测结果示意

4. 监测数据

监测数据主要包括时程分析和统计分析两部分，分别提供数据按时间检索导出功能及数据导出功能。

如图13-16所示，界面顶部区块主要包含昨日中值、日增量、日增率、超限概率、破坏概率。

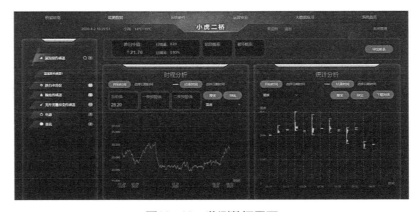

图13-16　监测数据界面

昨日中值指的是该传感器昨日数据的中位数。日增量指的是该传感器昨日中值比前日的中日增加或者减少的数值。日增率表示该传感器昨日中值比前日中值增加或减少增长率。超限概率表示根据该传感昨日的数据计算出发生一级预警的概率。破坏概率表示根据该传感器昨日的数据计算出发生二级预警的概率。系统提供数据导出功能。

（1）时程分析模块

图表横坐标为时间，纵坐标为传感器数据及单位，显示一级预警值线和二级预警值线。提供按时间搜索功能，显示该传感器过去一段时间内的时程数据。针对传感器的不同通道数据提供通道切换功能。当接收到当前传感器新的数据时，即时显示到图标中。

（2）统计分析模块

默认显示传感器过去30天的统计分析数据。系统每天会对过去24小时的传感器数据进行统计分析，提取当天最大值、当天最小值、最大概率区间上限、最大概率区间下限、最大概率区间值线、最大概率区间中位值等特征值。系统提供传感器不同通道的切换功能。

1）数据导出

在【开始时间】和【结束时间】录入时间起始范围后，点击【导出】按钮，系统会在后台进行导出操作，此刻用户可以切换到别的页面查看数据，稍后再点击【下载列表】查看是否已经导出完成，当状态列显示【可下载】，则表示已经导出完成并可以下载；当状态列显示【不可下载】，则表示导出任务还在进行中，需要继续等待。数据导出操作界面如图13-17、图13-18所示。

2）传感器列表模块

该模块显示当前桥梁所安装的传感器类型、每个类型的传感器数量、正常的传

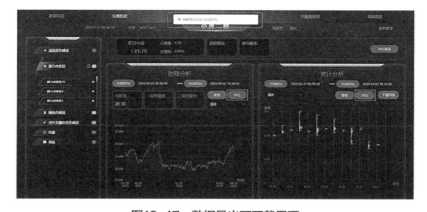

图13-17　数据导出可下载界面

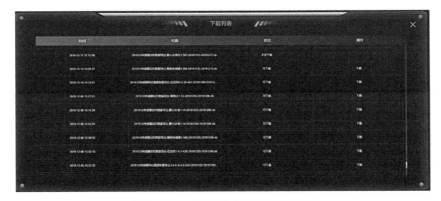

图13-18　数据导出不可下载界面

感器数量，传感器异常则显示红色提示灯，传感器的类型菜单显示出现异常的传感器数量。当点击某个传感器名称时，页面数据会切换到该传感器的数据界面。

5. 系统硬件

系统显示整体运营状态，包含传感器数量、正常传感器数量、总数据量及系统正常运行时长。系统正常运行时间根据桥梁的传感器情况进行计时，当出现传感器设备异常时，计时停止，在处理完异常后恢复计时。点击子菜单，或者鼠标移动到传感器列表时，切换至传感器信息界面，该界面显示整体运行状态及传感器正常数量、信号强度、电源状态，属于实时数据，系统硬件总览如图13-19所示。

传感器图标的不同颜色显示不同预警状态，绿色表示没有预警，黄色表示一级预警，红色表示二级预警。

当鼠标移动到某桥梁的传感器图标时，左下角展示传感器的详细信息、温度、

图13-19　系统硬件总览

读数、桥梁构件关联位置、模型坐标、量程、生产厂商、生产日期、存储周期、精度、使用范围等。此处的大分类包含11个种类的传感器及电源、采集器、基站。

6. 运营安全

运营安全模块显示桥梁各种传感器的实时数据，可以更直观地看到数据情况。运营安全模块如图13-20所示。

图13-20　运营安全模块

7. 大数据应用

大数据应用模块主要是桥梁的预警功能模块，提供历史预警查询和预警处理的功能。系统预警分为结构异常和设备异常两类，大数据应用-预警列表如图13-21所示。

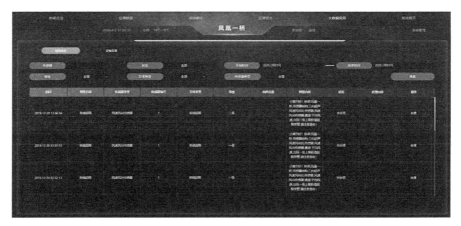

图13-21　大数据应用-预警列表

系统支持提供传感器名称、状态、时间、异常类型、传感器类型的条件搜索查询功能，支持多个条件合并搜索，但搜索条件不能为空。

点击预警列表中的【处理】按钮可以对预警做处理记录。在【处理内容】框内录入处理并点击【确定】按钮，该条预警记录的状态就会从"未处理"更改为"已处理"。当处理完成后不可进行修改，如图13-22所示。

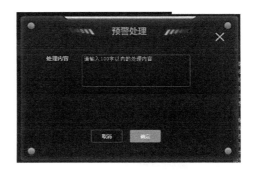

图13-22 预警处理

13.3 基于CIM基础平台的桥梁健康监测系统应用成效

桥梁健康监测系统采用物联网架构可降低人工布设成本，目前，在广东省广州市、梅州市、清远市、汕头市、肇庆市、河源市、惠州市，内蒙古自治区呼和浩特市，山西省晋中市（平遥县），海南省东方市等三省一区桥梁均有应用。

以应用于广东某市2座大型及特大型城市桥梁健康监测系统为例。桥梁主要结构特征见表13-3。

桥梁主要结构特征	表13-3

桥名	结构形式
1桥	主桥上部结构采用PC连续刚构，箱梁采用单箱单室。引桥上部结构采用连续梁或连续刚构形式。桥梁下部结构采用球形支座，独立式墩
2桥	上部结构为钢筋混凝土简支T梁，每跨8片梁。下部结构采用三柱式桥墩、埋置式桥台和钻孔灌注桩基础

通过对桥梁结构特征、工作条件、可能的破坏形式等进行研究，确定相应的传感元件、尺寸大小、安装方式、布置位置和数量等。

13.3.1 1桥监测点布设方案

1. 主桥为4跨连续刚构桥，主梁变形及桥墩不均匀沉降监测点一般布置在跨中和桥墩位置。因为桥梁分左右两幅，主梁宽度不大，因此主梁跨中变形监测点在主梁的箱梁内一侧布置即可，则单幅桥梁变形监测点需要4（主梁变形）+5（桥墩不均匀沉降）=9个，两幅一共需要18个监测点。

2. 结构应变监测点对于连续刚构桥主要关注主梁的应力、应变，重点关注

［16］武汉市人民政府．2020年武汉人民政府工作报告［EB/OL］．2020［2020-01-11］：
http://www.wuhan.gov.cn/zwgk/xxgk/ghjh/zfgzbg/202003/t20200316_970158.shtml.

［17］淅川县交通运输局．交通运输部关于进一步提升公路桥梁安全耐久水平的意
见［EB/OL］．2021［2021-01-14］：http://jiaotj.xichuan.gov.cn/xcxjtysj/zwdt/Webin
fo/2021/01/1603933034862007.html.

［18］信息网络安全.计算机信息系统安全专用产品检测和销售许可证管理办法［J］.
2001（08）：30-31.

［19］张金明，林群瑄，林泓生．配网跨区域网系统数据备份平台的建设［C］// 华东
六省一市电机工程学会输配电技术讨论会，2012.

［20］杭州市质量技术监督局．政务数据共享安全管理规范：DB 3301/T 0276—2018
［S］．2018.

［21］中华人民共和国．计算机信息网络国际联网安全保护管理办法［Z］．1997.

［22］中华人民共和国公安部．计算机信息网络国际联网安全保护管理办法［J］.信息
网络安全，2005（11）：25-26.

［23］中华人民共和国计算机信息网络国际联网管理暂行规定［J］.信息网络安全，
2001（6）：35.

［24］中华人民共和国中样人民政府．国务院办公厅关于全面开展工程建设项目审批
制度改革的实施意见［EB/OL］．2018［2018-05-18］：http://www.gov.cn/zhengce/
content/2018-05/18/content_5291843.html.

［25］重庆市人民政府．重庆市人民政府办公厅关于加快线上业态线上服务线上管理发
展的意见［J］.重庆市人民政府公报，2020（5）：12-7.

［26］住房城乡建设部．关于推进建筑信息模型应用的指导意见［R］．2015.